知识生产的原创基地

BASE FOR ORIGINAL CREATIVE CONTENT

颉腾商业

JIE TENG BUSINESS

ChatGPT AI Revolution

ChatGPT
AI革命

刘琼◎编著

华龄出版社
HUALING PRESS

图书在版编目（CIP）数据

ChatGPT：AI革命 / 刘琼编著. －－ 北京：华龄出版社, 2023.2
　ISBN 978-7-5169-2474-7

Ⅰ.①C… Ⅱ.①刘… Ⅲ.①人工智能－应用－自然语言处理－软件工具 Ⅳ.①TP391②TP18

中国国家版本馆CIP数据核字(2023)第030947号

策划编辑　颉腾文化		
责任编辑　鲁秀敏	**责任印制**　李未圻	

书　　名	ChatGPT：AI 革命		
作　　者	刘琼		
出　　版	华龄出版社		
发　　行	HUALING PRESS		
社　　址	北京市东城区安定门外大街甲 57 号	**邮　编**	100011
发　　行	（010）58122255	**传　真**	（010）84049572
承　　印	涿州市京南印刷厂		
版　　次	2023 年 3 月第 1 版	**印　次**	2023 年 3 月第 1 次印刷
规　　格	880mm×1230mm	**开　本**	1/32
印　　张	6.5	**字　数**	113 千字
书　　号	978-7-5169-2474-7		
定　　价	69.00 元		

区块链、元宇宙、ChatGPT 连续产生，破除了某种禁制，"硅基物种"好像每年都会生成一个，每生成一个都会引起我们这些"碳基生物"的极大震撼与关注。这是了不得的事件，因为这个世界开始有了崭新的维度。就好像一个生成系统加入了新的材料，所有的预测规律将会重构，未来将产生无穷多新的可能。

这个影响有多大？

单说手机、平板电脑等智能设备的出现如何改变了整个人类的生活模式。

大街小巷的职场人中出现了无数个低头族，手机成了我们灵魂的容器，多少人片刻不看手机，便会觉得这个世界哪里不对。手机是我们连接"母体"的通道，只有保持连接，我们才是安逸的。下飞机后，第一件事就是打开手机，立即看一下各种社交圈，确定这个世界安好。

学生一族也逐渐接受了网课这种知识获取模式。同时，许多佼佼者也由于网课而成绩出现波动。

从幼儿园孩子到小学生，现在过年见面，如果对方肯把自己的 iPad 拿出来与你共享他的游戏，这已经是这个"江湖"见面的最高礼遇，唯莫逆之交才可以做到的事。

根据调查，目前受电子设备影响最大的、成瘾严重的群体是老人。公园或者村头，三五成群、无事话家常的情景越来越少，电视成了备受冷落的摆设。大部分老人已经离不开手机或者平板电脑。小小的电子设备，有着无穷无尽的情结，足够容纳无数闲逸的灵魂。

现在，又一个石破天惊的事件发生：

原先，那些让每个人类都会沉迷其中的网络世界，我们可以若无其事地说：无它，都是人类创造出来的东西，换了一个地方存放罢了，改变的只是获取的方式更加便捷而已。

现在，这个网络世界所生成的一切有可能并不依赖人类，而是由人工智能（AI）自己完成。而人类有可能会沉迷在 AI 生成的虚幻世界里，甚至让 AI 生成的规则来影响自己的命运。

这是一种可能，却是一种十分合情合理的可能。这不能不说是一个大事件。这个大事件的标志，就是 ChatGPT 的诞生！

与所有生物物种进化一样，ChatGPT 的诞生简单而朴素，也是无数自然语言技术积累起来的成果，甚至还采用了谷歌自己都要放弃的框架 Transformer。有无数专业人士自我安慰：这个没有什么真正的创新，无非就是"大力出奇迹"的结果。有时，你还会发现 ChatGPT 的回答是错误的，是那种"一本正经地胡说八道"。但是，这才是最可怕的，不是吗？因为，在这个阶段，仅仅在这个阶段，它太像人了。接下来呢？它的正确率、效率都会迅速提高。那么，人类所有产生智慧成果的行为岂不是都可以被 AI 所替代？而像写作、绘画、写计划、写程序、设计图纸等智力活动，不就是目前人类产生生产力的主要活动吗？毋庸置疑，一场更大的工业革命正在发生！

值得注意的是，本书就是在 ChatGPT 的帮助下迅速成稿的。

就在此时，由中国首部惊动世界的科幻作品《三体》改编而成的电视剧也完成了第一部的播出。

CODEX 国际创新研究院院长 高茂源

2023 年 2 月 19 日

2022 年 11 月，OpenAI 公司的 ChatGPT 面世了。出于对新技术的好奇，我在 2023 年 1 月进行了试用。2 月 2 日，在北京和一些同行交流"如何提高工作效率"的时候，我和他们谈起了 ChatGPT，但那时因为很多人都没有使用过 ChatGPT，所以大家对它并没有强烈的感觉。2 月 6 日，当我还在离开北京的高铁上时，就有同事给我打电话，说现在的微信朋友圈几乎全都是关于 ChatGPT 的消息。接下来的一周，ChatGPT 的大"火"大家都有目共睹。基本上我关注的公众号都会围绕 ChatGPT 发布各种帖子和信息。

我和我的团队看过网上很多关于 ChatGPT 的介绍和评论，发现网上充满了各种声音与观点。

有些人说："ChatGPT 就是一个聊天工具，没有什么太大的价值。"

有些人说："ChatGPT 会取代教师、律师……"

有些人说："ChatGPT 回复的内容都是一本正经地胡说八道。"

…………

这些观点中有一些是非常客观的，但是也有很多是片面的夸大甚至误解。同时，作为一个文字工作者，我突然想到：我们是否可以借助 ChatGPT 来写一本关于 ChatGPT 的书，把它应用到一个实际的工作场景中，从而看看它到底是"骡子"还是"马"，通过这样实际的应用也能发现更多"惊喜"和"无奈"。得到团队成员的支持后，我们很快就投入了这本书的创作中。

当写完这本书的时候，团队成员复盘了这次借助 ChatGPT 进行创作的过程，我们有以下一些感悟：

1. ChatGPT 确实是一个很好的工具，能提高我们的工作效率，特别是对于一些传统领域的知识，它回复的的信息比较饱满和准确。如果没有 ChatGPT，我们也无法在短时间内完成这本书的创作。

2. ChatGPT 在创新思维、逻辑思维上还不能完全满足很多用户的需求。在本书中我们也提到了，它毕竟是基于语料库训练出来的一个模型。

3. 掌握和 ChatGPT 对话的技巧，有助于用户获取更准确的信息。

4. 最终这本书的成形还是依靠了我们团队大量的脑力劳动和人工投入。

还有一些我们难以表达的感悟，就只能通过书中的一些案例展示给大家。

这本书有不少务虚的地方，主要是为大家展示一些关于 ChatGPT 的概念和前景；也有不少务实的地方，给大家讲解了如何通过 ChatGPT 提高使用 Excel、翻译和编写程序的效率。

本书旨在为对 ChatGPT 感兴趣的读者提供一份较为全面且通俗易懂的资源，帮助他们更好地理解人工智能技术的意义和影响。同时也希望本书能为读者带来关于人工智能技术的新思考，激励更多人投身于人工智能技术的研究和应用，为人工智能技术的发展作出更大的贡献。

本书有不少内容是由 ChatGPT 在我们的提示下自动生成的，我们也尽力对其进行了求证、勘误和修改，但是因为作者水平有限，难免存在不足之处，恳请广大读者批评指正。读者也可以扫描本书封面前勒口上"颉腾文化"的二维码，关注我们的公众号，发送关键词"AI"，我们将在回复信息中推送一些非常有价值的文章、资源和源代码供大家使用。

作　者

2023 年 2 月

Contents | **目录**

第 1 章　揭秘 ChatGPT

第 2 章　OpenAI 应用三剑客

第 3 章　让 ChatGPT 飞起来

第 4 章　ChatGPT 的商业化落地

第 5 章　科技的碰撞：ChatGPT+编程

第 6 章　AIGC 与产业生态

第 7 章　其他 AIGC 工具简介

第 8 章　AIGC 背后的伦理、道德与法律隐忧

［第 **1** 章］

揭秘 ChatGPT

近期，一款名为 ChatGPT 的能够通过学习和理解人类的语言来进行对话的"聊天机器人"横空出世，迅速引发了全球范围内的广泛关注。与此同时，人们也产生了许多疑问：ChatGPT 到底是什么、它有着怎样的发展背景、它是否真的无所不能……就让本章为你揭开 ChatGPT 的神秘面纱吧！

01

聊天机器人的特点是什么

要想说清 ChatGPT 的前世今生，需要从聊天机器人（chat-bot）谈起。

聊天机器人是一种使用聊天接口与用户交互的机器人，它可以模仿人类语言的表达方式，同时理解用户的语义，以此回复他们的需求或疑问。聊天机器人能够智能匹配用户的问题，从而流畅地解答用户的问题。

聊天机器人有如下几个特点。

即时交互：聊天机器人可以实时与用户进行交互，无须人工介入，从而提高服务效率。

智能语义分析：聊天机器人可以分析用户提出的需求或疑问，更好地理解情感，从而提供更好的服务。

可定制化：聊天机器人可以根据用户的需求，实施个性化的客户自助服务，提升客户体验。

智能问答：聊天机器人可以根据用户的请求智能地提供答案，从而减少人工介入。

多种渠道支持：聊天机器人支持多种聊天渠道，如微信、Facebook、Twitter、Skype 等。

02

早期聊天机器人有哪些缺点

理想很丰满，现实很骨感。在 ChatGPT 诞生之前，市面上的聊天机器人还处于早期的发展阶段，无法达到预想中的智能化程度。

之前大家听过或者见过的聊天机器人，比较有名的有微软的小冰，还有不太知名的如 ALICE、ELIZA 和 SmarterChild 等。这些早期的聊天机器人主要有以下缺点。

限制的语法： 它们只能回答预定义的问题，对于非正式或复杂的语句没有足够的理解能力。

语句生成能力有限： 它们通常只能生成预先定义的短语和回答，难以生成有意义的语句。

功能有限： 它们通常只能回答基本问题，没有额外的功能，如文件存储、购物等。

不能适应语境： 它们不能很好地识别语境，给出回答往往不准确或不相关。

在人工智能技术的加持下，ChatGPT 在以上几方面取得了重大突破，因此 ChatGPT 可以被视为一个革命性的聊天机器人。它的特点是在进行智能回复时，能够迅速从其拥有的大规模语料库中找到最合适的答案。它还添加了独特的转义功能，使用户能够轻松对对话进行深度调整，从而解决传统自然语言处理系统输出答案无法满足要求的问题。

03

ChatGPT 是什么

ChatGPT 是 Chat Generative Pre-trained Transformer（对话数据预先训练生成的 Transformer 模型）的缩写，因此，ChatGPT 就是用于处理对话数据的 GPT 模型。

但是对于第一次接触 ChatGPT 的人来说，通常就是先和它聊天，因此可以把 ChatGPT 看作是一个聊天机器人。你可以把它想象成一个现代版的"魔法八号球"（Magic 8 Ball[①]），只不过它不是用简单的"是"或"不是"来回答问题，而是通过读懂问题的意思并用人类般的自然语言进行回答。

举个例子：你可以问 ChatGPT"今天天气怎样？"，它可以

---

① Magic 8 Ball 是一个球形玩具，通常用于占卜或决策。其中装有液体和一个 20 面的多面体。这个多面体上面有各种回答，如"是""不是""可能""再来一次"等。当你向 Magic 8 Ball 提问时，你需要摇动球，然后球里的多面体会在液体中随机滚动，最终会停在一个回答上面，这个回答就是 Magic 8 Ball 为你提供的答案。Magic 8 Ball 在美国是一种非常受欢迎的玩具，在玩具店或礼品店都可以找到。

回答"今天是一个晴朗的好天气!"或者其他的天气描述。它的回答不仅受到问题的影响,还受到训练数据(包括用户在对话过程中提供的信息)的影响,因此,它的回答会越来越准确。

早期的聊天机器人和 ChatGPT 就像是两个不同年龄段的孩子。ChatGPT 更年长、更成熟,因而在知识储备、语言理解、对话质量等方面都有更高的水平。同时,ChatGPT 也更加开放和多元化,可以在多种不同的领域发挥作用,而不仅仅局限于特定的应用场景。

04

ChatGPT
的核心技术是什么

ChatGPT 的核心技术是基于人工神经网络的自然语言处理技术。具体来说，它使用了一种名为 GPT（Generative Pre-trained Transformer）的大型深度学习模型。

GPT 模型的前身是 Transformer 模型（一种用于自然语言处理的深度学习模型），它在 2017 年被引入自然语言处理领域。2018 年，OpenAI 公司发布了 GPT-1，它是一种大规模预训练语言模型，在各种自然语言处理任务上拥有出色的性能。随着技术的进步，GPT 的模型大小不断增加，GPT-3 模型是目前最大的语言模型。

通过对大规模语料库进行无监督的预训练，GPT 模型可以自己发现并总结文本中的模式和规律，从而学习到自然语言的语义和语法规则。例如，在预训练过程中，模型接收文本序列并预测下一个单词的概率分布，然后使用这些预测来更新模型的权重。训练完成后,GPT 模型就能理解用户输入的文本内容，并根据自己掌握的规则自动生成接下来的文本内容，与用户进行自然、连贯且具有逻辑性的对话。

所以当用户输入一个语句（如一个问题）时，GPT 模型会生成相应的回答，这个过程被称为"生成"。同样，当给定一个语句和上下文（如一个对话中的其他语句），GPT 模型也可以生成下一条语句，这个过程称为"推理"。

GPT 模型已经在许多自然语言处理任务中得到了广泛的应用。例如：

文本生成：通过提供种子文本并使用 GPT 模型生成文本。
文本分类：通过对文本进行特征提取并使用 GPT 模型进行分类。
语言翻译：通过将源语言文本编码为向量，然后使用 GPT 模型生成目标语言文本。
语义搜索：通过对询问文本进行编码并在大量文本库中搜索匹配结果。

因此，可以打个不太确切的比方，GPT 模型就像一个具备强大的语言学习能力的人，它不需要专门去背单词和学语法，就能自己通过阅读大量的文本材料来掌握一门语言，达到接近母语者的水平。

除此之外，ChatGPT还使用了命名实体识别、语义角色标注、情感分析等其他的技术，以提高对话的质量和丰富性。

名词解释

神经网络

神经网络（Neural Network）是模拟生物的神经系统组织结构建立起来的一种计算模型。它有多层结构，每层有多个节点（类似于神经元），通过节点之间的连接控制信号的流动。神经网络可以通过学习来自动识别模式和进行预测，在人工智能领域中得到了广泛应用，如图像识别、语音识别、自然语言处理、推荐系统等。

自然语言处理

自然语言处理（NLP）是计算机科学中一个重要的分支，其目的是使计算机和人类之间进行更有效的沟通。它涉及一系列技术，包括文本处理、自然语言理解、机器学习、机器翻译等。其中，文本处理涉及将文本分解为语法成分，如单词、短语和句子；自然语言理解涉及模拟人类理解语言，从而能够从文本中理解语义；机器学习涉及在解决具体自然语言处理任务的过程中，通过对大量的历史数据进行研究和分析，从而发现规律并从中学习；机器翻译是指从一种语言将文本翻译为另一种语言的过程，其中的语法和文法也被视为重要的组成部分。

机器学习

机器学习是计算机科学的一个分支，它通过学习构建数学模型，使计算机具备自动学习的能力。机器学习的目标是使用计算机通过已知的实例数据来找出规律，并根据规律来推断未知的实例数据，从而对未知实例进行有效的预测，或者由未知实例归纳出一般规律。

机器学习也可以用来优化一个系统的性能，从而获得更加健壮的系统。如果大家很难理解，可以把机器学习看成一位小学奥数天才，他能熟记所有奥数试卷里的题目，每次都能给出准确答案。机器学习也有类似的能力，它能够把历史数据和经验当作记忆，并从中学习出一个准确度很高的模型，在面对新数据时，就能给出正确的预测。

深度学习

深度学习是人工智能领域中最有效的机器学习技术之一，它以端到端的方式将表示（输入）映射到结果（输出）。与传统机器学习方法不同，深度学习通过构建一个多层的神经网络，通过数据拟合来解决问题。神经网络包括输入层、隐藏层和输出层，每一层都有若干个神经元，这些神经元之间通过权重和偏置（bias）来进行通信。随着训练的不断进行，模型中的参数会调整，从而使得模型更有效。以图像识别为例，深度学习的算法可以自己逐层识别图片中的物体，最后以物体类别作为输出。深度学习可以帮助我们识别复杂的模式，如图形、声音、文本等，甚至可以用来完成自动驾驶等任务。

深度学习也是在统计学习的基础上发展起来的一种机器学习形式，它可以根据已有的大量数据来自动分析和学习，生成有效的结果。与传统的机器学习方法不同，深度学习是将数据（如影像、语音、文本等）进行深层次分析处理，以达到更智能、自动化、更准确的计算方法。深度学习主要应用于计算机视觉、自然语言处理等领域，已被应用于日常生活中的诸多场景。例如，在访问谷歌等搜索引擎时，输入一句话，搜索引擎就会快速将这句话识别出来，并返回精准的搜索结果，这就是深度学习的代表作。

05

ChatGPT 的发明者
—— OpenAI

说到 ChatGPT 就不得不提它的东家 ——OpenAI 公司。OpenAI 是一家提供人工智能技术服务的公司，于 2015 年由以下知名技术大佬共同投资或参与创建。

埃隆·马斯克（Elon Musk）：SpaceX 的创始人，Tesla 公司的掌门人，Hyperloop 的提出者。他是 OpenAI 早期的重要投资人之一。2018 年退出 OpenAI 董事会和股东身份，但是目前仍通过他的私人基金会等方式继续为 OpenAI 提供支持。

萨姆·奥尔特曼（Sam Altman）：Y Combinator 的主席。在 2018 年年底宣布退出 OpenAI 董事会。

格雷格·布罗克曼（Greg Brockman）：Stripe 的技术总监。在 2021 年年初离开 OpenAI，目前仍然担任该公司的顾问。

亚当·丹吉洛（Adam D'Angelo）：Quora 的创始人。

里德·霍夫曼（Reid Hoffman）：LinkedIn 的创始人，Greylock

Partners 的合伙人。

布罗克·皮尔斯（Brock Pierce）：Blockchain Capital 的创始人，EOS Alliance 的主席。

彼得·蒂尔（Peter Thiel）：PayPal 的创始人，Founders Fund 的合伙人，Palantir 的创始人。

保罗·格雷厄姆（Paul Graham）：Y Combinator 的创始人。

公司的管理团队由许多顶尖的技术专家组成，包括前谷歌 X 实验室负责人伊利亚·苏茨克维尔（Ilya Sutskever）、前谷歌 AI 研究主管维诺德·科斯拉（Vinod Khosla）、前谷歌研究副总裁格雷格·科拉多（Greg Corrado）和前谷歌机器学习研究员约翰·舒尔曼（John Schulman）。

OpenAI 开发的技术主要集中在自然语言处理、机器学习、计算机视觉、机器人控制、深度强化学习等领域。其中，GPT-3（Generative Pre-training Transformer 3）是一种基于自然语言处理技术的深度学习模型，它能够有效地建立用户提供的输入和期望输出之间的关系，从而实现自动化文本生成。此外，OpenAI 还开发了一种基于深度强化学习的技术，称为 OpenAI-5（OpenAI Five），它可以帮助游戏开发人员更好地理解游戏的复杂环境，从而改善游戏的用户体验。

OpenAI 的成功也得到了世界各地的技术公司的认可，微软等公司都提供了大量的资金支持，以加快 OpenAI 的发展。

06

ChatGPT 为什么会"火"

ChatGPT"火"起来的原因之一是在于它的核心技术功能强大以及越来越逼近人类自然语言的能力。随着自然语言处理技术的发展，ChatGPT 的理解能力和回答逼真度也不断提高，使其成为一种非常有用的工具，对于商业和个人用户来说都具有很大的价值。

对于商业用户，金融公司已经开始利用 ChatGPT 来解决客户问题，同时还利用它来分析市场数据，提高风险管理能力。同样，电商公司也利用 ChatGPT 来处理客户请求，提高客户满意度。还有一些技术公司利用 ChatGPT 来创建聊天机器人和自然语言处理应用，帮助他们的客户解决诸多问题。

对于个人用户，ChatGPT 可以作为一种便捷的智能助手，帮助他们完成日常任务和信息查询。例如，个人用户可以使用 ChatGPT 来回答他们的问题，提供建议和解决他们的问题。

下面通过几组数据来告诉大家 ChatGPT 目前到底有多"火"。

1. 用户数

瑞士银行巨头瑞银集团的一份报告显示，在推出两个月后的 2023 年 1 月底，ChatGPT 的活跃用户就已突破 1 亿，成为用户增长速度最快的消费级应用程序。根据 Sensor Tower 的数据，达到 1 亿用户，TikTok 用了 9 个月，Instagram 用了 2 年半，WhatsApp 用了 3 年半，Facebook 用了 4 年半，Twitter 用了 5 年，iTunes 用了 6 年半。

该报告援引分析公司 Similarweb 的数据表明，2023 年 1 月期间，ChatGPT 平均每天大约有 1300 万独立访客，这一数据是 2022 年 12 月的两倍多。

2. 百度指数

百度作为国内使用最多的搜索引擎，可以通过其指数来分析用户通过百度搜索的关键词频率与热度。下页两图所示分别为关键词"ChatGPT"在百度指数中的搜索指数和资讯指数，这个大数据的结论还是比较准确的。

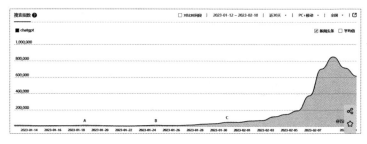

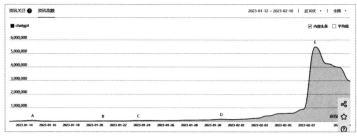

3. 微信指数

微信作为国内使用频率最高的一款手机应用软件，可以侧面反映大家对某种事物的关注度。通过微信指数可以看到，ChatGPT 的热度在 2023 年 2 月 4 日上升了一个很大台阶，而在 2 月 6 日—7 日呈持续上升的趋势，如下图所示。

07

关于 ChatGPT 的其他疑问

ChatGPT 会取代搜索引擎吗

人们经常会把谷歌、百度等搜索引擎拿来和 ChatGPT 进行比较。但是 ChatGPT 并不是一个搜索引擎。相对于传统的搜索引擎，ChatGPT 更像是一个智能助手，可以帮助用户获得有关某些主题的信息，并以对话的形式回答问题。它不仅提供了信息，而且还可以根据上下文理解用户的意图，回答相关的问题。ChatGPT 提供了一种全新的、更人性化的信息获取体验，当然这种体验并不适用于所有应用场景。例如，搜索引擎能列出信息来源网址就是其一个优势。

下面就简单说明一下谷歌搜索引擎和 ChatGPT 的区别。

目的：谷歌搜索引擎旨在帮助用户找到有关特定主题

的信息。ChatGPT 是一个语言模型，旨在生成文本内容并回答用户问题。

范围：谷歌搜索引擎涵盖了整个互联网，提供了丰富的信息。ChatGPT 是基于训练数据，因此可能不能回答所有问题，但它可以根据上下文理解问题并提供有关信息。

准确性：谷歌搜索引擎通过爬取网页并使用排名算法提供搜索结果。它的结果通常是准确的。ChatGPT 是基于机器学习和自然语言处理技术的，其结果的准确性取决于其训练数据的质量。

总的来说，谷歌搜索引擎是一个功能强大的工具，适用于大量信息的检索，而 ChatGPT 则是一个智能助手，适用于获取特定信息并以对话的形式回答问题。但是因为 ChatGPT 的良好互动性和获取信息的便捷性，所以被很多人认为是下一代搜索引擎的雏形。微软就顺势推出了集成了 ChatGPT 和传统搜索引擎为一体的新产品——新版的必应（Bing），谷歌推出的类似产品为 Bard。

人类和 ChatGPT 对话次数越多，ChatGPT 是否越智能

并非如此。ChatGPT 是一个预训练的自然语言处理模型，它在训练数据过程中学到了如何生成类似人类语言的回答。在

与人类进行对话时，它是根据人类的输入从它已经学到的语言知识中生成回答。其智能水平取决于其训练数据和算法的优化程度，而不是通过对话的方式来直接增加其智能水平。但是人们与 ChatGPT 进行对话过程可以提高其"经验"，即增加其对话质量和适应性。长期以后当 ChatGPT 面对更多的问题和场景时，它将学习到更多的语言和语境知识，从而更好地理解并回答问题。

人类会带偏 ChatGPT 吗

是的。由于 ChatGPT 的学习和表现是基于其预训练数据和算法得出的，它可能会受到人类提供的错误信息或有偏差的数据的影响，从而输出错误的答案或有偏见的言论。此外，如果 ChatGPT 的训练数据集本身就存在问题或存在偏见，那么 ChatGPT 在学习和输出过程中也可能会出现偏见或错误的现象。例如，有时它可能生成带有性别、种族、宗教等偏见的内容。

为了避免这种情况的发生，ChatGPT 的开发者和维护者应该对其训练数据和算法进行严格的监控和优化，确保其对话内容的准确性和中立性。同时，人们在与 ChatGPT 进行对话时，也需要提高自我意识和质疑精神，避免盲目接受 ChatGPT 的答案，从而最大限度地避免 ChatGPT 受到错误或有偏见信息的影响。

ChatGPT 真的无所不能吗

ChatGPT 并非是无所不能的。前面提到过，ChatGPT 是一个通过大量语料库训练的预测模型，只是具有较强的自然语言处理能力。它能够完成一些复杂的任务，如生成文本、回答问题、对话等。但是，ChatGPT 仍然只是一个人工智能模型，其能力还有很多限制。例如，不能完全理解人类的意图，不能完全模拟人类的思维，不能做出全部正确的判断等。此外，ChatGPT 的表现质量也受到一些限制。例如，它可能无法处理某些领域的专业术语、文化习惯和地方口音等。同时，ChatGPT 也可能会出现一些语言和逻辑上的错误，尤其是面对复杂和抽象的问题时它仍然有局限性和错误的可能。

对同一个问题，ChatGPT 的回答是否都相同

有可能它的回答是相同的。前面讲解过，ChatGPT 的背后是一个生成式预训练模型，通过学习大量的语料数据训练得到的。它通过输入上下文和对问题的解释，来生成可读的、自然的、相关的文字。如果输入的问题和语料库中的文字非常相似，那么生成的文字也很可能非常相似。同时，它还受到它所被训练的语料数据的限制，如果语料库中没有该问题的相关信息，GPT-3 将不能生成出符合该问题的回答。

假如有 10 000 个人同时对 ChatGPT 提出同样的一个开放性问题，如果生成的答案大部分相同，那么这主要是因为语料库中已有类似的信息，且输入的问题是相同的。不过，因为 GPT-3 是一个随机生成的模型，所以生成的答案完全相同的可能性比较小，只是说近似性会比较大。

下面看看 OpenAI 公司官网声明是如何描述这个问题的：

Terms of Use

3. Content

(b) Similarity of Content. Due to the nature of machine learning, Output may not be unique across users and the Services may generate the same or similar output for OpenAI or a third party. For example, you may provide input to a model such as "What color is the sky?" and receive output such as "The sky is blue." Other users may also ask similar questions and receive the same response. Responses that are requested by and generated for other users are not considered your Content.

中文含义为：

使用条款

3. 内容

（b）内容的相似性。由于机器学习的性质，输出在用户之间可能不是唯一的，服务可能会为 OpenAI 或第三方生成相同或相似的输出。例如，你可以向模型提供输入，例如"天空是什么颜色？"，并接收输出，例如"天空是蓝色的"。其他用户也可能提出类似的问题并收到相同的回复。其他用户请求和生成的响应不被视为你的内容。

ChatGPT 是通过英汉互译来实现中文回答的吗

不是。ChatGPT 是一个多语言的语言生成模型，可以直接对中文输入生成中文输出。它是通过学习大量的语料数据来训练模型，并利用语言模型的方法来生成文本。因此，不需要将中文文本翻译为英文再生成中文的文本。

同一个问题，为什么中英文回答不同

这是因为对于 ChatGPT 来说不同语种的语料库是不同的。例如，英语语料库中的数据通常比中文语料库中的数据更丰富和多样化，所以英语回答的信息量可能比中文回答的信息量更多。因此，同一个问题的回答在英语和中文中可能会有所不同。

[第 **2** 章]

OpenAI
应用三剑客

OpenAI 公司秉持"开放、共享、协作"的价值观，致力于以负责任和安全的方式推进人工智能的发展。本章将介绍 OpenAI 公司的三大应用产品：ChatGPT、DALL·E 2，以及与前二者密不可分的 OpenAI API。

01

ChatGPT 的使用

前面对 ChatGPT 的基本情况，如发展历史、核心技术和工作原理等进行了详细介绍。你是否也想尝试与 ChatGPT 进行对话呢？下面一起来看看 ChatGPT 的使用方法吧。

在下图所示的 ChatGPT 页面中创建新的对话，在对话框中输入问题内容，单击发送按钮。

接着就可以在页面中看到 ChatGPT 给出的回复，如下图所示。在页面左侧会显示创建的对话组，可以根据实际需求进行重命名或删除。

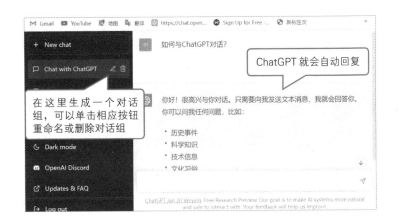

建议将关于同一个主题的对话放在一个对话组中。因为新建一个对话意味着与 ChatGPT 进行一个新的、独立的对话。通过新建对话，用户可以：

获得对某个问题的答案；
获得关于某个话题的信息；
提出建议或询问；
模拟真实的人际交往场景。

新建对话组可以帮助用户更好地获得关于自己感兴趣的话题的信息。而且 ChatGPT 能根据用户在对话组中输入的信息自动修正一些答案，但是这些修正后的答案仅在当前的对话组中生效，如果换一个对话组，ChatGPT就"失忆"了。

如下图所示，在对话组"1"中，我们告诉了ChatGPT自己想要的答案，在下一次对话中，ChatGPT就会联系上下文给出答案。

但是在下图中，我们在新建的对话组"2"中询问同一个问题，ChatGPT给出的仍不是我们想要的答案。

02

OpenAI API

OpenAI API 是 OpenAI 公司提供的一种在线服务，可以让开发人员轻松访问 OpenAI 的人工智能技术，以在自己的应用程序、网站或产品中使用这些技术。API 提供了一种简单的接口，可以通过发送请求和获得响应来使用 OpenAI 的技术。

哪些场景适合使用 OpenAI API 呢？通常情况下，OpenAI API 是在需要加入人工智能功能，如自然语言处理、语音识别、聊天机器人等时使用的。例如，可以利用 OpenAI API 来创建一个在线客服聊天系统，或者创建一个智能文本编辑器，以自动提供语法和拼写建议。总的来说，使用 OpenAI API 是为了更方便、更快速地将人工智能技术集成到自己的应用程序、网站或产品中。

OpenAI API 与 ChatGPT 的关系与区别：ChatGPT 是 OpenAI

公司开发的一种聊天机器人，而 OpenAI API 则是一种在线服务，提供了访问 OpenAI 人工智能技术的方法。因此，ChatGPT 是 OpenAI API 中的一个技术组件，可以通过 API 访问和使用。但是，OpenAI API 不仅仅提供 ChatGPT，还提供了其他的人工智能技术，如下图所示。OpenAI API 主要有两种使用方式：第一种是通过编写代码来调用，第二种是在网页中使用。第一种使用方式将在第 4 章介绍，这里先介绍第二种使用方式。

下面看看传说中利用 OpenAI 写作论文的工具。输入文字描述："写一篇关于营销人员的年终工作总结"，如下图所示，然后将字符长度滑块拖动至最右侧，再单击"Submit"按钮。

把这个滑块拖动至最右侧，可以生成更多字数的文本

等待一段时间后，即可在界面中看到根据描述文字生成的文本内容，如下图所示。

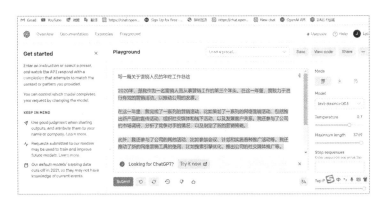

写作出来的全文如下：

2020 年，是我作为一名营销人员从事营销工作的第三个年头。在这一年里，我致力于进行有效的营销活动，以推动公司的发展。

在这一年里，我完成了一系列的营销活动，比如策划了一系列的网络营销活动，包括推出新产品的宣传活动，组织社交媒体和线下活动，以及发展客户关系。我还参与了公司的市场调研，分析了竞争对手的情况，以及制定了新的营销策略。

此外，我还参与了公司的其他活动，比如参加会议、计划和实施各种推广活动等。我还推动了新的网络营销工具的使用，比如搜索引擎优化，推出公司的社交媒体推广等。

通过这一年的不懈努力，我取得了非常不错的成果，一方面，公司的产品销售量和客户数量都有了显著增长，另一方面，公司的知名度也有了明显提升。总之，2020 年是我作为一名营销人员取得了不错的成绩的一年。未来，我将继续用积极的态度，努力工作，为公司的发展作出贡献。

也可以加入更多的需求，如下图所示，在描述文字中对文字字数做了具体要求，要求写到 1 000 字左右。

写作出来的全文如下：

一、2019 年度工作总结

作为一名营销人员，2019 年，我深入学习了营销理论，熟悉了市场情况，掌握了营销策略，运用营销技巧，充分发挥了自身能力。

1.在营销策略方面，我深入研究了市场情况，分析了客户需求，提出了营销策略，并且能够灵活应对市场变化，不断改进营销策略，更好地满足客户的需求。

2. 在营销技巧方面，我掌握了多种营销技巧，有效利用了市场资源，深入挖掘了客户需求，构建客户关系，更好地提高了客户满意度。

3. 在营销绩效方面，我以自身行动激励团队，根据市场情况调整营销策略，不断拓展市场，有效提高销量，跳跃式提升绩效，达到了营销目标。

二、2020 工作计划

2020 年，我将继续努力，不断学习，提升自身能力，更好地发挥营销的作用。

1. 加强营销理论学习，不断掌握营销新思想，增强营销能力。

2. 深入研究市场情况，分析客户需求，提出更有效的营销策略，更好地满足客户需求。

3. 积极拓展市场，有效利用营销技巧，构建客户关系，提高客户满意度，提升销量。

4. 不断提升营销绩效，激励团队，达成营销目标，提升绩效。

最后，我将积极思考，积极进取，尽最大的努力，不断提升自身能力，更好地服务客户，为公司发展贡献力量。

大家可能会有以下几个疑问：

1. 为什么时间比较老？因为这个语言模型收集的数据主要是 2021 年之前的。

2. 为什么字数没有达到指定的 1 000 字？因为 GPT 模型处理文本的最小单位不是字符，而是 token。想要进一步了解 token 的读者可阅读文档 https://help.openai.com/en/articles/4936856−what−are−tokens−and−how−to−count−them。

为了帮助大家更好地使用该功能，下图对一些参数的含义做了简单的介绍。

03

AI 智能绘图 DALL·E 2

　　DALL·E 2 是 OpenAI 开发的一种全新的人工智能技术，能够根据给定的文字描述生成多样性和高质量的图像，如下图所示。DALL·E 2 基于 Transformer 模型，是一种多层的神经网络，可以理解与生成语言。它是一种自然语言处理（NLP）技术和生成式对抗网络（GAN）技术的结合。

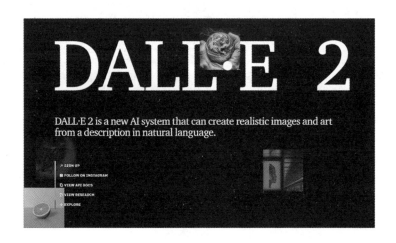

DALL·E 2 的目的是利用人工智能技术和大规模的数据，展示机器学习模型生成高质量图像的能力，模拟人类的创造力和想象力，激发 AI 的创意应用。DALL·E 2 的应用非常广泛，可以应用于动画、广告创意、游戏开发、建筑设计等多个领域。

例如，输入一段文字描述："绘制一幅关于长城的水墨山水画"，DALL·E 2 就可以生成与描述文字相符的图像，如下图所示。

但不足之处在于，DALL·E 2 和前面介绍的人工智能工具一样，就目前来说，针对中文的识别不如英文智能。举个例子，若输入文字描述："在白色背景中，一只戴着领带的小恐龙正在研究植物"，得到的结果如下图所示。

而采用英文进行描述得到的结果如下图所示。

显然，采用英文描述生成的图片更符合我们的想象。但这并不影响 DALL·E 2 是一个非常具有潜力和前瞻性的人工智能技术，在未来，它会发挥更大的作用。

在 DALL·E 2 中通过文本生成图片后，可以根据实际需求对生成的图片进行编辑，还可以实现同类图片的批量输出、智能抠图、智能填充、空白区域填充等。下面通过一个例子来详细介绍具体的操作方法。

在文本框中输入需要生成图片的描述性文字：Part of an extremely delicate and beautiful work, close-up of Daniel Gerhartz, side angle, arms crossed, short yellow hair, looking into the distance, upper body, off shoulders, bun, light colored dress, rainy weather, backlight。这段文字表述得很细致，生成的图片如下图所示。

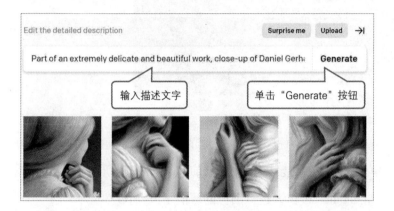

此时可以发现，在界面右侧会出现通过该工具生成的所有图片集合，如下图所示，方便后续调用。如果不需要保存，则可以把它们清除。

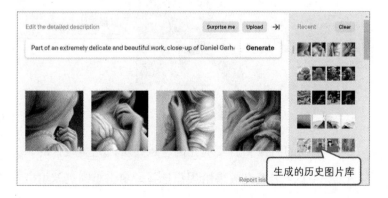

在本次生成的图片中选择第 4 幅图片来进行编辑操作。单击图片将其放大显示，选择下方的橡皮擦工具，擦除图片的背景，如下图所示。

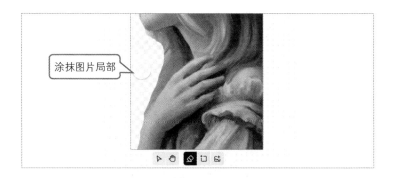

调整画布的框架，对左侧的画幅进行延展，并在编辑框中输入需要智能填充的图像信息，如下图所示。然后单击"Generate"按钮，进行图像的智能生成操作。

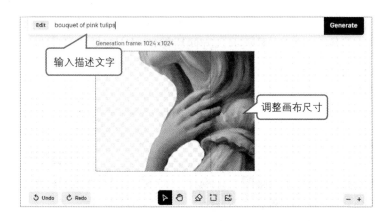

智能生成的图像和需要填充的背景是可以完美融合的，并且它还提供了 4 个填充效果给用户选择。单击小圆点就可以在

多个填充好的背景之间进行切换。选定需要的背景后，单击"Accept"按钮确定选中的背景图像，如下图所示。

若还想进行进一步的智能补图，可以重复上面的操作，最终得到如下图所示的画面效果。

［第 **3** 章］

让 ChatGPT
飞起来

随着 ChatGPT 的用户越来越多，其应用场景也被发掘得越来越多。如今，市面上涌现出了一大批结合 ChatGPT 来实现特定功能的插件，如 WebChatGPT、ChatGPT for Google 等。借助这些插件，可以充分发挥 ChatGPT 强大的语言处理能力，真正用好 ChatGPT、玩转 ChatGPT，帮助我们更好地解决工作、生活中遇到的种种问题。下面就让我们一起来简单了解一下几个具有代表性的插件吧。

01

搜索最新资料：
WebChatGPT

WebChatGPT 是 Chrome 浏览器的一个插件，它为 ChatGPT 添加了网络访问功能。该插件通过在 ChatGPT 提示中增加相关网络结果，为用户提供更相关、更新的答案。该插件通过搜索网页可以提高工作效率的方式如下：

快速生成高质量的文本内容；
快速获得相关信息，并将其转化为可读的文字内容；
快速获得高质量的文本内容，从而提高写作质量；
简化文字处理过程，从而减少基础重复性工作。

下面介绍该插件的使用方法。首先在 Chrome 浏览器中安装好该插件，然后打开 ChatGPT 的页面，即可使用该插件。具体步骤如下面几张图所示。

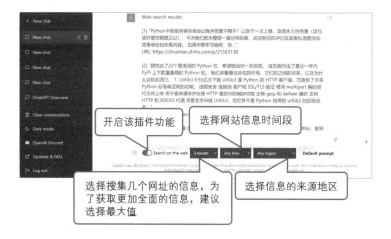

开启该插件功能

选择网站信息时间段

选择搜集几个网址的信息，为了获取更加全面的信息，建议选择最大值

选择信息的来源地区

搜索出来的网页信息

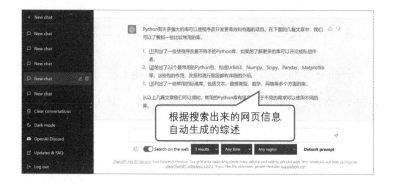

根据搜索出来的网页信息自动生成的综述

02

搜索引擎和 ChatGPT 同框：
ChatGPT for Google

ChatGPT for Google 是 Chrome 浏览器的一个插件，它能利用 ChatGPT 增强搜索引擎的功能，即在传统搜索结果的旁边显示 ChatGPT 对同一话题的回答，如下图所示。ChatGPT for Google 支持所有流行的搜索引擎，包括谷歌、必应、DuckDuckGo 等。

03

刨根问底的利器：
Merlin

Merlin 是 Chrome 浏览器的一个插件，它使用 ChatGPT 来增强用户在网站上的体验。安装了 Merlin 之后，用户可以按 Ctrl + M 快捷键在任何网站上访问 ChatGPT AI 功能，如谷歌搜索、Gmail、LinkedIn、GitHub 以及在线搜索或撰写文字的任何其他地方。

下面介绍该插件的使用方法。首先在 Chrome 浏览器中安装好该插件，然后打开一个搜索引擎，如谷歌，并输入要搜索的相关信息，如下图所示。

Merlin 插件会弹出登录框，如下图所示，单击 "Sign in with Google" 按钮登录即可。

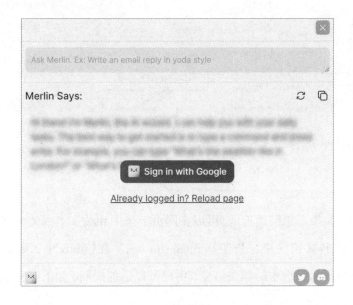

然后进入搜索页面，如下图所示。此时直接单击 Merlin 的 "Search" 按钮即可。

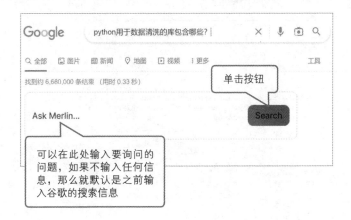

此时在 Merlin 的返回框中将显示 ChatGPT 回复的相关文本内容，如下图所示。

如果还想继续追问，可以在网页上选中相关文本或关键字，按 Ctrl+M 快捷键，快速打开 Merlin box。在该 box 中，Merlin 将会提示已选中的相关信息，用户可以追加提问，如下图所示。

总体来说，有了 Merlin 的帮助，用户不需要在搜索页面和 ChatGPT 页面之间频繁切换，也不需要进行机械的复制和粘贴，就能方便地调用 ChatGPT 进行延伸搜索或对搜索结果进行总结和提炼，可以大大提高工作效率。

04

自动回复个性化邮件：
ChatGPT Writer

ChatGPT Writer 是 Chrome 浏览器的一个插件，它能使用 ChatGPT 生成整封电子邮件和消息。它的目的是帮助用户更加快速有效地撰写高质量的邮件和消息。它支持所有网站，在 Gmail 上的支持更强，并且支持所有语言。

该插件适合以下几种类型的用户。

需要大量写邮件或消息的人：如果用户经常需要写邮件或消息，如工作邮件、客户沟通、团队协作等，那么这款插件可以帮助用户快速生成高质量的内容。

想要提高写作效率的人：如果用户希望提高写作效率，更快完成任务，那么这款插件可以帮助用户实现这一目标。

语言表达能力不强的人：如果用户不太熟悉如何清晰

地表达自己的思想，那么这款插件可以帮助用户生成清晰易懂的文字。

想要提高邮件／消息质量的人： 如果用户希望提高邮件和消息的质量，使其更专业、更有效，那么这款插件可以帮助用户实现这一目标。

ChatGPT Writer 的用法如下面几张图所示。

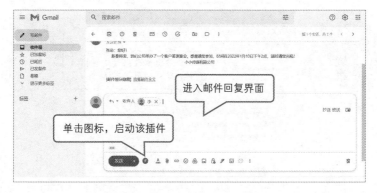

输入要回复的关键词或者提示语

自动生成邮件回复内容

单击该按钮，即可将自动生成的内
容添加到邮件的回复中

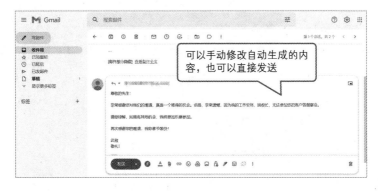

可以手动修改自动生成的内
容，也可以直接发送

05

生成视频内容摘要：YouTube Summary with ChatGPT

YouTube Summary with ChatGPT 插件能使用 ChatGPT 快速提取 YouTube 视频的关键信息，并生成一个简短的摘要，帮助用户快速了解视频的内容。

该插件特别适用于没有时间观看整个视频，但又想了解视频内容的人。该插件也可以帮助用户更快地搜索和筛选视频，如对于某些内容质量不太好的视频，它可以帮助用户有效"避雷"，从而提高工作效率。

YouTube Summary with ChatGPT 插件主要用于下列场景。

教育： 对于在校生和教师，该插件可以帮助他们快速提取视频中的关键知识点，以便于他们快速预习和复习课程内容。

研究： 对于研究人员，该插件可以帮助他们快速检索 YouTube 上的资源，并筛选出关键信息。

商业： 对于商业人员，该插件可以帮助他们快速评估 YouTube 上的视频，以便于他们做出更快捷、更明智的决策。

个人： 对于普通用户，该插件可以帮助他们快速了解 YouTube 上的视频，以便于他们在繁忙的生活中更有效地利用时间。

下面简单介绍 YouTube Summary with ChatGPT 插件的用法。在 Chrome 浏览器中安装该插件后，打开一个 YouTube 视频，画面右侧顶部会显示插件的工具条。单击工具条右侧的展开按钮，可看到视频的字幕文本。单击工具条中的"View AI Summary"按钮，如下图所示，将会在新的标签页中打开 ChatGPT 的页面，并自动要求 ChatGPT 对字幕文本内容进行要点总结。

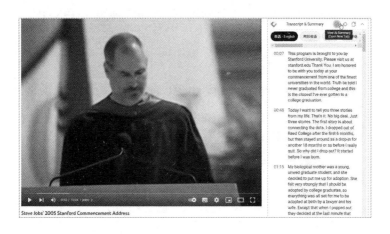

06

生成会议摘要：
Tactiq

Tactiq 插件能使用 ChatGPT 记录和汇总谷歌的 Meet、微软的 Teams、Zoom 会议，并提供会议记录和摘要，如下图所示。Tactiq 插件可用于销售电话、团队会议、在线课堂、客户采访、产品研究、演示、大师课等。利用 Tactiq 插件，不再需要通过记笔记来避免错过任何重要信息。

使用 Tactiq 插件记录会议时，可以突出显示重要内容、标记待办事项、保存聊天、截图，然后 Tactiq 插件会将所有内容汇总到谷歌文档中。目前有超过 18 万人在使用 Tactiq 记录会议笔记。Tactiq 已被世界 500 强的领导人、Netflix 等公司的工程师、自由职业者、销售人员、教师以及任何不喜欢但又需要记会议笔记的人运用到日常工作中。

07

与 ChatGPT 语音交流：
Talk-to-ChatGPT

Talk-to-ChatGPT 是 Chrome 浏览器的一款插件，主要功能是语音识别和文本转语音。这款插件可以让用户在使用 ChatGPT 的过程中，拥有更加有趣的对话体验。例如，当不想或不便于打字时，就可以直接对着麦克风说出自己的问题，然后通过 Talk-to-ChatGPT 插件自动进行语音识别，来实现与 ChatGPT 的对话。

下面介绍该插件的使用方法。首先在 Chrome 浏览器的应用商店中查找 Talk-to-ChatGPT 插件，如下图所示，然后将该插件添加至浏览器中。

首页 › 扩展程序 › Talk-to-ChatGPT

 Talk-to-ChatGPT

★★★★☆ 40 ⓘ ｜ 娱乐 ｜ 10,000+ 位用户

添加完成后，打开 ChatGPT 界面，在网页的右侧会出现一个悬浮的控制框，如下图所示。单击"START"按钮启动该插件，并允许麦克风在该网页进行使用，这样就可以在该界面通过语音输入内容至 ChatGPT 中。

启动 Talk-to-ChatGPT 后，控制框下方会显示红色色条并语音播报"OK"，表示该应用已准备就绪，等待语音输入。当通过麦克风录入语音后，插件会将进行语音识别转换为文本的内容自动录入到 ChatGPT，如下图所示，ChatGPT 就会对提问给出相应的解答。

在 ChatGPT 给出文字解答的同时，该应用将会进行实时文本转语音，对 ChatGPT 的回复内容进行语音播报，播报时应用框下方色条显示为绿色，如下图所示。

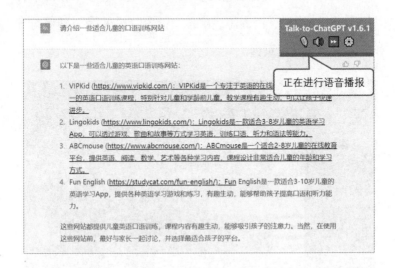

单击应用框中的麦克风图标 ，就可以禁用语音输入功能。禁用后的效果如下左图所示。

语音播报是根据 ChatGPT 的回复速度即时进行的。如果不需要进行语音播报，则可以单击"文本到语音"按钮 ，禁用播报功能。禁用后的效果如下右图所示。

该插件会自动对 ChatGPT 所回答的内容进行播报。如果需要跳过当前播报的信息，可以单击"跳过"按钮 ▶▶。

用户还可以对语音播报的参数进行调整，包括播报的语言（男 / 女声）、语速、语调等。单击"设置"按钮 ⚙，即可打开如下图所示的设置页面。

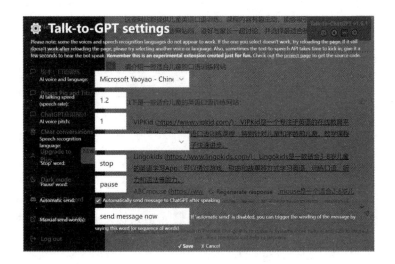

［第 **4** 章］

ChatGPT 的
商业化落地

ChatGPT 的横空出世，注定会为全世界带来巨大的变化。它所拥有的强大的自然语言处理能力也让各个行业看到了新的机遇和挑战，"如何合理利用并充分发挥 ChatGPT 的能力"成了当前众多渴望利用 ChatGPT 拓展更多应用场景来实现价值转换的人迫切想要探索和了解的一个问题。下面就来看看 ChatGPT 的部分行业应用介绍，希望可以给读者朋友带来一些思考和启发。

01

ChatGPT 的商业模式

2023 年 2 月 2 日，OpenAI 发布 ChatGPT 试点订阅计划——ChatGPT Plus，每月 20 美元，如下图所示。

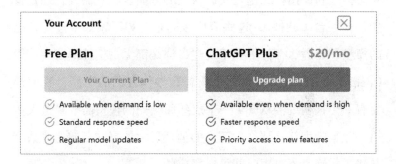

免费账户和收费账户的具体差别如下图所示。

Feature	Free Account	Paid Account
Query Limit	Limited	Unlimited
Response Time	Slow	Fast
Quality of Responses	Basic	Advanced
Customer Support	Limited	Comprehensive

说明：

Query Limit：每天可询问的问题数量限制

Response Time：回答询问的速度

Quality of Responses：回答质量

Customer Support：客户支持程度

注：其实 OpenAI 没有对免费账户的每天回答次数进行明确的限制。不过，免费账户的使用可能受到其他限制，如请求频率限制和生成文本长度限制。

但是就笔者而言，ChatGPT 在 OpenAI 的商业版图中仅仅是一个引流工具，而其背后更大的商业契机是 OpenAI API 的大力推广和使用。无论是我们谈到的智能客服机器人，还是智能写作平台（软件），这些应用级的企业和厂家如果没有自己的模型、算力、存储等数字基建，那么都无一例外地需要使用 OpenAI 的 API。所以无论企业怎么炒作自己的产品，我们都要有一个很明确的认知：一个成熟而领先的模型需要经过大量语料数据的训练，那么大算力的消耗、大数据的存储这些数字基建工作绝对不是短时间可以完成的。

就目前来说，OpenAI API 开放的免费试用接口单次所能返回字符数只能在 4 000 个 token 之内，这就极大地限制了长文档的翻译和写作。如果把长文档变为短文档再一段一段拼接起来，那么上下文关联就完全丢失了。而收费用户能突破 4 000

个 token 的限制，从而获得更长、更详细的翻译和文本生成（不同的账户级别有不同的请求限制，包括最大生成长度）。而且 OpenAI 公司提供了不同的语言模型供用户购买使用，具体如下图所示。

对于 ChatGPT 的商业模式，未来更多的应该是开放其背后的各种模型的 API 让大家使用。

利用 OpenAI 的 API 目前可以实现下图所示的功能。

Advanced tweet classifier
Advanced sentiment detection for a piece of text.

Explain code
Explain a complicated piece of code.

Keywords
Extract keywords from a block of text.

Factual answering
Guide the model towards factual answering by showing it how to respond to questions that fall outside its knowledge base. Using a '?' to indicate a response to words and phrases that it doesn't know provides a natural response that seems to work better than more abstract replies.

Ad from product description
Turn a product description into ad copy.

Product name generator
Create product names from examples words. Influenced by a community prompt.

TL;DR summarization
Summarize text by adding a 'tl;dr:' to the end of a text passage. It shows that the API understands how to perform a number of tasks with no instructions.

Python bug fixer
Find and fix bugs in source code.

Spreadsheet creator
Create spreadsheets of various kinds of data. It's a long prompt but very versatile. Output can be copy+pasted into a text file and saved as a csv with pipe separators.

JavaScript helper chatbot
Message-style bot that answers JavaScript questions.

ML/AI language model tutor
Bot that answers questions about language models.

Science fiction book list maker
Create a list of items for a given topic.

Tweet classifier
Basic sentiment detection for a piece of text.

Airport code extractor
Extract airport codes from text.

SQL request
Create simple SQL queries.

Extract contact information
Extract contact information from a block of text.

JavaScript to Python
Convert simple JavaScript expressions into Python.

Friend chat
Emulate a text message conversation.

Mood to color
Turn a text description into a color.

Write a Python docstring
An example of how to create a docstring for a given Python function. We specify the Python version, paste in the code, and then ask within a comment for a docstring, and give a characteristic beginning of a docstring (""").

Analogy maker
Create analogies. Modified from a community prompt to require fewer examples.

JavaScript one line function
Turn a JavaScript function into a one liner.

Micro horror story creator
Creates two to three sentence short horror stories from a topic input.

Third-person converter
Converts first-person POV to the third-person. This is modified from a community prompt to use fewer examples.

Notes to summary
Turn meeting notes into a summary.

VR fitness idea generator
Create ideas for fitness and virtual reality games

Essay outline
Generate an outline for a research topic.

Recipe creator (eat at your own risk)
Create a recipe from a list of ingredients.

Chat
Open ended conversation with an AI assistant.

Marv the sarcastic chat bot
Marv is a factual chatbot that is also sarcastic.

Turn by turn directions
Convert natural language to turn-by-turn directions.

Restaurant review creator
Turn a few words into a restaurant review.

Create study notes
Provide a topic and get study notes.

Interview questions
Create interview questions.

02

打造自己的创新创业新风口

如果需要在未来的商业世界中占有一些之地，对于大多数中小企业和创业型企业来说就是利用 OpenAI（或者其他企业）的接口和自己手里的数据形成一个小领域的优势。这可能就属于一个"多快好省干创业"的好机会。除了上一个话题中提到的 OpenAI 公司已经做好的一些示例接口以外，还可以使用微调训练（Fine-tune training），这就相当于为自己的应用程序定制模型，因为 OpenAI 的模型已经通过互联网上的大量文本进行了预训练，所以用户只需要用自己的数据让模型进行"少量学习"即可达到好的结果。

通过使用微调可从 OpenAI 提供的模型中获得更多收益：

比即时设计更高质量的结果；

能够训练更多案例；

节约成本；

缩短延迟时间。

在用户自己的 OpenAI 账户中可以看到使用微调模型的情况，如下图所示。

Daily usage breakdown (UTC)

2023年2月13日 ∨   All org members ∨

Model usage 60 requests

Fine-tune training 0 requests

目前 OpenAI 可供使用的微调模型只有 davinci、curie、babbage 和 ada。

虽然这些基础模型在各种自然语言处理任务方面表现出色，但是微调这些模型时，使用更高质量的训练数据确实可以有效提高微调效果，增强模型的泛化能力。例如，在进行文本分类任务时，使用更多、更准确的标注数据可以提高模型的分类精度；在进行对话生成任务时，使用更多真实对话数据可以提高模型的自然度和准确性。

此外，还有一些其他的技术可以帮助提高模型的微调效果，例如调整模型的超参数、使用更好的优化算法、增加模型的深度和宽度等。这些技术都可以帮助提高模型的泛化能力，使其在真实世界的应用中表现更好。

03

ChatGPT + 搜索引擎

2019 年，微软向 OpenAI 投资了一笔数额未公开的资金（据说是 30 亿美元），并与 OpenAI 签署了合作协议，目的是加速 OpenAI 的研究进展，增强微软在人工智能领域的实力，并获得 OpenAI 关于人工智能的最新研究成果，以便应用到微软的产品和服务中，为用户提供更好的体验。

微软在 OpenAI 的投资是成功的。2023 年 2 月，微软宣布再次为 OpenAI 投资 100 亿美元。微软表示，作为合作伙伴关系的一部分，它正在增加投资，在其 Azure 云服务数据中心构建人工智能超级计算集群。OpenAI 有权使用这些超级计算集群。微软还宣布新版必应搜索引擎和 Edge 浏览器将集成 ChatGPT 的技术，向用户提供对话式的网络搜索和创作内容的途径，以削弱谷歌在搜索市场的主导地位。据估计，将 ChatGPT 整合到必应中后，必应的市场份额将增加到 10%，由此带来的收益可能会超过微软为 OpenAI 投资的 100 亿美元。

目前，集成了 ChatGPT 的新版必应还处于试用期，用户需要登录微软账号，并单击页面中的"加入等待列表"按钮（见下图）来申请试用资格。此外，用户还需要安装 Edge 浏览器才能体验对话式搜索。

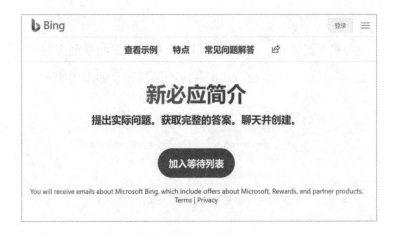

获得试用资格后，即可开始使用新版必应，下面看看使用效果如何。在 Edge 浏览器中打开必应首页，然后在搜索框中输入一个问题，如"我需要准备春节家宴，请推荐一些有吉祥寓意的菜肴"。开始搜索后，搜索结果页面会分为左右两个部分，左边是传统的网页搜索结果，右边则是使用 ChatGPT 技术给出的搜索结果，如下页图所示。右边的搜索结果还注明了信息的来源。

如果要进入对话式搜索，则单击右边搜索结果底部的"查看更多"按钮，再单击"我们聊天吧"按钮，如下图所示。

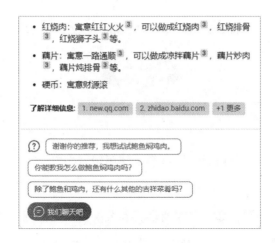

进入对话式搜索界面后，可以就当前话题继续进行交流。例如，我们想根据手头的食材筛选菜肴，发出命令后，必应给出了如下页图所示的回答。可以看到，有了 ChatGPT 的加持，新版必应的使用体验更加智能和人性化。

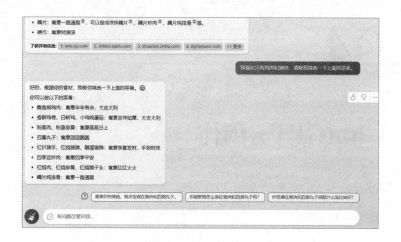

　　面对 ChatGPT 和新版必应的"挑衅"，谷歌自然不会坐以待毙，火速推出了名为 Bard 的人工智能聊天机器人。国内搜索巨头百度公司也宣布将在 2023 年 3 月推出同类产品"文心一言"。

　　新版必应已经让我们看到了搜索引擎的未来发展方向：AIGC 能对搜索引擎的搜索结果进行汇总，还能注明其引用的来源链接，以便于用户进行信息的溯源、扩展与求证。AIGC 与搜索引擎的结合将颠覆传统的搜索引擎，在搜索市场引发一场大革命。本书第 6 章将对 AIGC 进行详细介绍。

04

ChatGPT+创作

在人类历史的长河中，以书籍的创作为例，AIGC 所属内容生产生态的发展经历了专家生产内容（PGC）、用户生成内容（UGC）、AI 辅助生产内容、AI 生产内容（AIGC）四个阶段，目前处于第一、二阶段为主，第三阶段为辅的境况。

AIGC 克服了 PGC 与 UGC 存在的质量、产量无法兼具的缺点，有望成为未来主流的内容生产模式。

如何使用 ChatGPT 提高创作效率

对于大多数专业文字工作者而言，使用 ChatGPT 是十分重要的。可以从以下三个方面来充分发挥它的潜力，有效提高工作效率。

（1）根据提示生成文本：用户可以向 ChatGPT 提供一个概

括性的提示，然后它将生成一些文本。用户可以使用这些生成的文本作为文章的基础内容，并加以完善。

Q[①]：我想写一篇关于 GPT 模型的发展历史的文章，请帮我列一下提纲。

A[②]：I. 前言

简述 GPT 模型的概念

明确 GPT 模型在 NLP 领域的重要地位

II.GPT-1 模型

GPT-1 模型的概述

GPT-1 模型的主要技术特点

GPT-1 模型的评价与评估

III.GPT-2 模型

GPT-2 模型的概述

GPT-2 模型的主要技术特点

GPT-2 模型的评价与评估

IV.GPT-3 模型

GPT-3 模型的概述

GPT-3 模型的主要技术特点

GPT-3 模型的评价与评估

V.InstructGPT 模型

---

① Q 代表用户的提问。
② A 代表 ChatGPT 生成的回答。

InstructGPT 模型的概述

InstructGPT 模型的主要技术特点

InstructGPT 模型的评价与评估

VI. 总结

比较 GPT 模型的发展历史

提出 GPT 模型未来发展的展望

对 GPT 模型在 NLP 领域的贡献进行总结评价。

Q: 针对 GPT-2 模型的主要技术特点怎么写才能有特色?

A: 为了写出关于 GPT-2 模型的主要技术特点具有特色的内容,可以考虑以下方面:

比较 GPT-2 模型与其他 NLP 模型的差异:通过比较 GPT-2 模型与其他 NLP 模型的技术特点,可以更加清晰地阐释 GPT-2 模型的优势。

着重分析 GPT-2 模型的训练数据:GPT-2 模型使用了大量的网络数据,这是该模型的重要技术特点之一。

讨论 GPT-2 模型的生成能力:GPT-2 模型是一种生成模型,具有较强的文本生成能力,这是该模型的主要特点。

详细描述 GPT-2 模型的架构:GPT-2 模型的架构设计得当,对该模型的性能产生了重要影响,应该详细描述。

讨论 GPT-2 模型的实际应用：GPT-2 模型在实际应用中的表现如何，是否具有实用价值，是 GPT-2 模型的重要评价指标。

通过以上方面的内容，可以写出关于 GPT-2 模型的主要技术特点具有特色的内容。

（2）获得灵感：用户可以向 ChatGPT 提出一些问题，以获得一些灵感，这样可以帮助用户更好地了解自己要写的内容。

Q：我想写一本畅销书，但是不知道现在哪些题材读者比较喜欢？

A：写畅销书的成功与否取决于很多因素，其中最重要的是题材的受欢迎程度。如果想写一本畅销书，可以考虑以下题材：

自我提升： 自我提升题材的畅销书始终受到读者的热爱。

心理学： 心理学题材也一直受到广大读者的关注。

科幻小说： 科幻小说始终是畅销书的主要题材之一。

悬疑 / 惊悚小说： 悬疑 / 惊悚小说也是读者喜欢的题材。

历史 / 文化： 历史 / 文化题材也是畅销书的热门题材。

当然，题材的受欢迎程度是会随着时间变化的，因此，如果想写一本畅销书，还需要对当前读者喜好进行观察和分析。此外，写一本畅销书需要极高的写作水平和创意，因此，在选择题材的同时，还需要考虑自己的写作能力。

Q: 如果写自我提升，那你建议具体写哪个方面的呢？

A: 写自我提升题材的书籍需要关注当前读者的需求和关注点。下面是一些可以写的自我提升方面：

心理健康：心理健康是当前读者关注的重要领域，可以写关于自我认知、情绪管理、消除负面情绪等方面的内容。

人际关系：人际关系是影响个人幸福感的重要因素，可以写关于沟通技巧、人际关系建立等方面的内容。

职场发展：职场发展是读者关注的热点领域，可以写关于职业生涯规划、工作技能提升、领导力等方面的内容。

人生规划：人生规划是读者需要解决的重要课题，可以写关于人生目标设定、人生价值观、生活平衡等方面的内容。

当然，这些方面只是写自我提升题材的书籍的一些选择，如果有更好的创意，可以选择其他方面。重要的是，写一本有特色、有吸引力的自我提升书籍需要有独特的视角和独到的见解。

（3）检查语法和拼写：OpenAI 还可以帮助用户检查语法和拼写，以确保用户的文章写得更好。

Q： 请把句子改写得通顺、正式一些：我爱 GPT 学习，更爱吃吃饭。

A： 我对学习 GPT 抱有热爱之情，但吃饭更是我最喜爱的活动。

Q： 改简单一些。

A： 我爱学习 GPT，也爱吃饭。

点评： 对于明显存在语病的句子 ChatGPT 能自动修改，也可以扩句和缩句。

下面再用一个没有明显语病的文字段落，看看 ChatGPT 的处理情况。

Q： 将下面这段话按照国家标准改写：1.建筑面积：主要用于后期指标分析、评估单方造价使用，同时在计算特定项目时也会用到实际建筑面积，建筑面积计算应符合《建筑工程建筑面积计算规范》GB/T 50353-2013 规定。还应注意地方的特殊规定，同时造价人员要结合最终图纸对建筑面积进行重新复核，避免因前后图纸差异影响工程量的准确性。

A：1. 建筑面积：它主要被用于后期指标分析和评估单方造价，同时在计算特定项目时也会用到实际建筑面积。建筑面积的计算必须符合《建筑工程建筑面积计算规范》(GB/T 50353-2013) 的规定，同时也需要注意地方的特殊规定。造价人员应该结合最终图纸对建筑面积进行复核，以避免前后图纸差异对工程量的准确性造成影响。

点评：1. 问题中提到的国家标准应给出标准号和中文标准名称，其格式为"《中文标准名称》（标准号）"，因此此处的标准号 GB/T 50353-2013 需用括号括起来。ChatGPT 给出的回复中为标准号加上了括号。

2. 问题中的"重新复核"是有重复语义的，ChatGPT 给出的回复中改为了"复核"。

应用案例：新闻写作

2014 年 3 月，美国洛杉矶时报网站的机器人记者 Quakebot，在洛杉矶地震后仅 3 分钟，就写出相关信息并进行发布。

中国地震网的写稿机器人在九寨沟地震发生后 7 秒内就完成了相关信息的编发。

美联社使用的智能写稿平台 Wordsmith 可以每秒写出 2 000 篇报道。

第一财经"DT 稿王"一分钟可写出 1 680 字。

ChatGPT 可以帮助新闻媒体工作者智能生成报道。那么我们如何正确地看待这个事情？其实新闻稿件的生成可以理解为包含了采和编两个部分，其中"采"主要是对事件、地点、人物等信息进行详细调查，同时保证新闻内容的时效性和真实性，这个工作只能人去完成。

如果你作为新闻的第一采集人，那么可以通过下面的流程来完成稿件的协助，将部分劳动性的编写工作交给 ChatGPT，更快、更准、更智能地生成内容。

下面是利用 ChatGPT 写作新闻稿的大概步骤：

① 明确想要写关于什么的新闻，如某个事件、突发事件、趋势、观点等。
② 确定想要报道的内容，包括事件背景、事件发生的

时间和地点、当事人、相关证据等。

③ 使用清晰的语言组织报道的内容，以便读者理解。可以使用简洁明了的语言，并使用引文、数据和图像等来证明自己的观点。

④ 向 ChatGPT 询问自己想要的新闻。例如："请为我写一篇关于 ×× 事件的新闻"。ChatGPT 会根据请求生成新闻文本。

⑤ 检查生成的文本，并进行必要的编辑和修改，以确保其准确无误、易于理解。

请注意，尽管 ChatGPT 具有丰富的知识库和自然语言处理能力，但它生成的文本仍然需要人工检查和编辑，以确保其质量和准确性。

下面举一个娱乐新闻的案例来说明怎么实现以上的步骤。

明确新闻内容：最近某位知名明星发布了新专辑。

确定内容：这位明星在 ×× 日发布了全新专辑，共收录了 ×× 首歌曲，其中包括 ×× 和 ×× 等热门歌曲。专辑推出后受到了广泛好评，被誉为是他 / 她的代表作。

用清晰的语言组织内容："×× 日，知名明星 ×× 发布了全新专辑，这张专辑共收录了 ×× 首歌曲，包括了热门歌曲 ×× 和 ××。该专辑发布后受到了广泛好评，被认为是该明星的代表作。"

向 ChatGPT 询问："请为我写一篇关于××明星新专辑的新闻。"

检查生成的文本：经过编辑和修改后，生成的文本可能如下所示：

××日，娱乐界瞩目的知名明星××发布了全新专辑，这张专辑吸引了众多乐迷的关注。

这张专辑收录了××首精彩的歌曲，其中包括了××和××等热门歌曲。该专辑的音乐风格充满活力，每首歌曲都展现了该明星的音乐才华。

该专辑发布后，迅速受到了乐迷和媒体的一致好评，被誉为是该明星的代表作。音乐评论家纷纷表示，这张专辑展现了该明星在音乐创作上的不懈努力，充满了创新性和激情。

在专辑发布之际，××明星也接受了许多媒体的采访，表示这张专辑是他／她为了纪念自己的音乐生涯而创作的。××表示："我希望这张专辑能够展现出我的音乐才华，并与我的粉丝们分享这些珍贵的回忆。"

对于乐迷来说，这张新专辑无疑是一次珍贵的音乐盛宴。不妨在××商店或网络音乐平台上购买这张专辑，亲身体验这位明星的音乐魅力。

用户还可以通过输入各种需求，让 ChatGPT 改写上述文稿。

当然,在互联网时代,大量网站的"新闻"并不是一手新闻,也就是说,那些新闻并不是记者自己采集而来,而是根据某些自媒体或者其他网站信息汇集整理而来。大致的获取路径如下:

人、企业(发现新事件、新事物)——个人媒体(朋友圈、微博等)——被大数据抓取—— ChatGPT 形成新稿件。

那么如何自动化地采集和汇总网络上的相关信息也是一个重要的内容。普通人可以通过爬虫技术 + ChatGPT(OpenAI API)来实现,具体步骤如下:

爬虫部分: 使用 Python 中的爬虫库,如 Requests、BeautifulSoup、Scrapy 等,爬取网络上相关新闻的内容。

API 部分: 使用 OpenAI 的 GPT-3 API,将文本输入到模型中,生成改写后的新闻文本。

保存结果: 将改写后的新闻内容保存到数据库或文件中,以便后续使用。

这些步骤需要编写一定的 Python 代码来实现,利用 Python 库和 API,可以方便快捷地完成整个过程。

在本书附赠资料中可以下载实现新闻缩写和改写功能的演示代码。

05

ChatGPT + 教育

以 ChatGPT 为代表的 AI 生成内容（AIGC）对教育产生了重要影响，所以网络上把"教师"也列为十大容易被人工智能替代的职业之一。当然笔者不这样认为，因为教师与学生之间的共情，以及创新类教育，暂时是人工智能无法取代的。但是AIGC 在教育领域的下列应用中也有着不可比拟的优势。

个性化学习： AIGC 可用于创建定制的教育内容，以适合个别学习者的需求和能力。这有助于学生以适合自己的节奏来学习，并得到与他们具体需求相关的指导。

提高教育质量： AIGC 可以帮助那些可能缺乏教育资源或无法接受传统教育的人。例如，AI 生成的教科书和教学材料可以提供给偏远地区的人，使他们能够利用高质量的教育资源学习。

更高效的指导： AIGC 可以用于创建更高效的教学材

料。例如，AI 生成的模拟和虚拟环境可以帮助学生更有效地学习和保留信息。

自动评分和反馈： AIGC 可以用于自动评分和向学生提供即时反馈。这可以帮助教育者节省时间，专注于其他教育领域。

总体来说，AIGC 有可能会改变一些教育模式，使教育更加个性化、更易获取、更加高效。在教育领域，AIGC 应该担任的是人类教师助手的角色，而不是替代人类教师。人类教师在教育过程中的角色仍然至关重要。

以在线语言学习平台——Duolingo 为例，它就是使用了 GPT-3 来提供法语语法修正功能。Duolingo 内部的一项研究表明，使用这一功能能够显著提高学习者的第二语言写作技能。另外，Knewton 也是一家为教育机构提供个性化学习解决方案的公司，它使用 GPT 模型来为学生提供个性化学习内容。Querium 是一家为大学生提供数学和科学学习支持的公司，它使用 GPT 模型来为学生提供实时的数学和科学解答。

06

ChatGPT + 金融

ChatGPT 在金融领域的应用主要体现在以下几个方面。

金融服务： ChatGPT 可以整合到金融服务中，为客户服务、支持和销售提供会话界面。这可以帮助银行、保险公司和其他金融机构提高客户体验和沟通效率。

投资咨询： ChatGPT 可以用于创建投资咨询聊天机器人，根据个人投资者的财务目标和风险承受能力为他们提供个性化的投资建议。

风险管理： ChatGPT 可以用于分析大量财务数据，为风险管理提供见解，帮助金融机构做出明智的决策并减少风险。

合规监测： ChatGPT 可以用于监测财务交易和通信以确保符合法规和规则，确保金融机构在法律允许的范围内运营。

财务新闻： ChatGPT 可以用于生成财务新闻、报告和其他内容，帮助记者追踪最新的金融行业动态。

以金融风险管理为例，ChatGPT 可以用于分析大量金融数据并提供洞察，以帮助金融机构做出明智的决策并减少风险。例如，ChatGPT 可以在金融数据上进行训练，以识别可能产生的风险和发展趋势。然后金融机构就可以使用这些信息做出明智的投资和风险管理策略决策。

此外，ChatGPT 还可以用于实时监控金融交易，对任何不寻常或潜在风险活动进行标记以便后续调查。这可以帮助金融机构在造成重大伤害之前检测和预防金融犯罪，如洗钱和欺诈。

ChatGPT 还可以用于监测金融交易和通信以确保符合法律法规。例如，ChatGPT 可以被训练识别违反合规的言论和行为，并在发现违反合规的情况时发出警告。ChatGPT 还可以用于监测金融机构的内部沟通和决策，以确保遵守合规规则。例如，ChatGPT 可以分析内部电子邮件和聊天记录，以确保员工的行为符合公司的合规政策。总的来说，ChatGPT 的自然语言处理能力使其成为金融合规监测的有价值工具。它可以帮助金融机构确保遵守法律法规，保护客户的利益，并确保金融系统的稳定和健康。

07

ChatGPT + 医疗

相比传统的搜索引擎，ChatGPT 能更有效地回答各种问题，那么对于专业性要求很高的医疗问题，它的回答质量怎么样呢?

先让 ChatGPT 帮我们判断该去哪个科室看病。

Q: 走路时膝盖发软无力，想去医院看一下，应该挂哪个科的号呢?

A: 如果您的膝盖有发软无力的情况，您可以考虑去看下骨科医生。骨科医生可以诊断和治疗膝盖的各种问题，包括关节炎、膝盖脱位、骨折等。如果您的情况特殊，医生可能会建议您去看其他专科医生，例如神经科或肌肉骨骼科医生。最好的做法是告诉医生您的病情和症状，让他们帮助您做出决策。

ChatGPT 比较准确地识别了科室，还简单介绍了科室的职能。

再向 ChatGPT 咨询退烧药的服用方法。

Q: 布洛芬和对乙酰氨基酚可以一起吃吗？

A: 布洛芬和对乙酰氨基酚可以一起使用，但是在使用前最好咨询医生或药师的意见。

布洛芬是一种常用的消炎药，对乙酰氨基酚是一种常用的止痛药。两种药物可以结合使用，以获得更好的治疗效果。然而，有些人可能对其中一种药物敏感，或者两种药物可能会互相影响，因此在使用前应该寻求医生或药师的建议。

请注意，如果您正在使用其他药物，还应该告诉医生或药师，以确保这些药物不会与布洛芬和对乙酰氨基酚发生"冲突"。

这次 ChatGPT 的回答就不准确了。布洛芬和对乙酰氨基酚都有解热镇痛的作用，同时服用这两种药物会增加不良反应或用药过量的风险。

可能是语料库的原因，ChatGPT 对于医疗问题的回答质量不太稳定。但是相信通过进一步的发展，ChatGPT 在医疗行业的应用能够更加广阔。

只要学习了足够的专业医学知识，ChatGPT 就能化身为智能分诊助手、智能导医助手、智能用药助手等，不仅能大大减轻医院的工作负担，而且能为患者提供个性化的服务。

ChatGPT 强大的文本理解和生成能力在医疗行业也有用武之地。ChatGPT 非常擅长生成结构化的文本，那么像病历、医嘱等具有固定格式的文档都可以交给它来编写，从而大大减轻医生的文书处理工作量。ChatGPT 还可以根据要求改写文本或缩写文本，那么我们就可以让它用通俗易懂的语言向患者复述诊疗方案，帮助患者更好地理解，或者为医生快速提供病历的摘要，减少医生阅读病历的时间。

08

ChatGPT+营销

从产品介绍中提炼卖点

ChatGPT 具有一定的阅读理解和总结能力，我们可以在处理与文案相关的工作时利用这一能力来提高效率。下面是一个例子。

Q：以下是一本图书的内容简介，请提炼几个卖点。

本书是为满足广大职场人士学习新型自动化办公技术的需求而编写的应用型教程，循序渐进地讲解了如何利用 Excel 内置的编程语言 VBA 编写代码，实现办公操作的批量化、自动化和个性化，从而大大提高工作效率。

全书共 8 章，主要内容包括：宏的相关操作，VBA 的基础语法知识，工作簿、工作表和单元格的基本操作，数据的汇总、统计、分析和可视化，VBA在行政与文秘、人力资源管理、会计与财务、市场营销等领域的实际应用。

本书的案例都是从实际的办公场景中总结和提炼出来的，既典型又实用。案例的代码附有通俗易懂的解析和内容丰富的知识扩展，让读者可以轻松地举一反三，独立解决更多实际问题。配套学习资源包含所有案例的代码文件和素材文件，便于读者边学边练。

本书适合具备一定的 Excel 操作基础又想进一步提高工作效率的办公人员阅读，对于 VBA 初学者和编程爱好者来说也是不错的参考资料。

A: ① 讲解如何利用 VBA 编写代码实现自动化办公。

② 循序渐进，实用案例典型。

③ 包含基础语法知识与实际应用。

④ 通俗易懂解析，学习资源齐全。

⑤ 适合 Excel 操作者提高效率。

⑥ VBA 初学者和编程爱好者参考资料。

Q: 保留第 2、3、4、5 个卖点，并进行润色。

A: ① 实用性强：通过循序渐进的讲解，将 VBA 代码编写贴近实际办公场景。

② 全面性强：本书不仅介绍了 VBA 的基础语法知识，

还详细介绍了在多个领域的实际应用。

③ 可操作性强：本书附有详细的代码解析和丰富的知识扩展，让读者可以轻松地举一反三，独立解决实际问题。

④ 资源丰富：配套学习资源包含所有案例的代码文件和素材文件，让读者边学边练。

⑤ 广泛适用：适合具备一定的 Excel 操作基础又想进一步提高工作效率的办公人员阅读，对于 VBA 初学者和编程爱好者来说也是不错的参考资料。

可以看到，ChatGPT 从大段的产品介绍文字中比较精准地总结出了产品的卖点，我们只需要在此基础上稍做润色，就能得到一份相当不错的营销文案。当然，有时 ChatGPT 给出的回答会有重复赘述、文不对题等情况，需要人工进行修正。

促销活动策划

ChatGPT 具有比较强大的文本生成能力，如果用它来编写营销方案会是什么效果呢？下面是一个例子。

Q: 我有一家火锅店，将在五一劳动节期间开业，并在 5 月 1 日至 5 月 3 日举行 3 天的开业促销活动，你能帮我制定相应的活动方案吗？

A: 当然，我很高兴为您制定开业促销活动方案。以下是一些建议：

① 折扣促销：提供一定折扣，如八折，以吸引顾客。

② 免费赠品：在顾客点餐时赠送一些小赠品，如饮料或甜点。

③ 限时特价：在一天的特定时间内，提供特价餐，如每天下午 3 点到 5 点。

④ 竞赛活动：举办一场竞赛，如"吃最多火锅"比赛，吸引顾客参与。

⑤ 家庭套餐：提供适合家庭聚餐的特价套餐，吸引家庭顾客。

这些都是一些简单的促销策略，您可以根据自己的需求和想法进一步定制。希望以上信息能帮到您！

Q: 请帮我想一个活动口号，要求带有"火"字，不能超过 10 个字。

A: 如下是一些符合要求的活动口号：

① 火爆开业，美味齐享

② 火热邀您，美食等您

③ 火锅热辣，开业狂欢

④ 火力全开，美味不断

⑤ 火红五一，美味盛宴

希望您能喜欢以上口号中的一个！

由于有输出长度的限制，ChatGPT 只针对促销策略提出了几点简单的建议，并且没有考虑开业时间的特点，所写的活动口号也比较一般，只能说还算顺口。要想获得质量更高的回答，可能还需要通过精心设计的命令对 ChatGPT 进行引导，这也对用户的专业知识和技能水平提出了更高的要求。

09

ChatGPT+ 生活

ChatGPT 拥有内容丰富的知识库，我们可以在日常生活中利用它来制定菜谱。

Q： 我要举办一次家宴，共 6 个人出席，请帮我写一套菜谱。要有两个凉菜、两个热的荤菜、两个热的素菜、一个汤菜、一个甜品。

A： 好的，为您提供一套家宴菜谱：

凉菜：

① 青椒鸡蛋：将鸡蛋炒熟，加入切好的青椒，炒匀。

② 黄瓜沙拉：将黄瓜切丝，加入适量的醋、盐、胡椒粉调味，搭配芝麻酱。

热的荤菜：

① 鱼香茄子：将茄子切片，加入切好的姜蒜末，炒熟后加入鱼香汁。

② 红烧排骨：将排骨放入锅中，加入姜蒜末，炒熟后加入适量的生抽和红烧汁。

热的素菜：

① 西红柿鸡蛋：将鸡蛋炒熟，加入切好的西红柿，炒匀。

② 蒜蓉白菜：将白菜切好，加入切好的姜蒜末，炒熟。

汤菜：

鲜菇鸡汤：将鸡肉、鲜菇和清水放入锅中，加盖煮熟。

甜品：

红枣糯米糕：将红枣用清水泡软，加入糯米粉和适量的水蒸熟，稍微冷却后用模具压成糕。

希望这套菜谱对您有所帮助！

Q：青椒鸡蛋不是凉菜，鱼香茄子不是荤菜，请修改。

A：好的，为您修改菜谱：

凉菜：

① 黄瓜沙拉：……

② 生菜沙拉：将生菜洗净，沥干水分，拌入适量的醋、盐、橄榄油、柠檬汁调味。

热的荤菜：

① 红烧排骨：……

② 回锅肉：将五花肉切片，加入姜蒜末，炒熟后加入适量的生抽、酱油、料酒、糖调味。

…………

Q: 两个凉菜都是素的，有点重复，请将其中一个替换成使用肉类食材的凉菜。

A: 好的，我们把第二道凉菜替换成使用肉类食材的菜肴：

凉菜：

① 黄瓜沙拉：……

② 鸡肉生菜沙拉：将生菜洗净，沥干水分，拌入适量的醋、盐、橄榄油、柠檬汁和炒熟的鸡肉调味。

…………

Q: 两个热的荤菜都是猪肉的，请将其中一个替换成使用鱼类食材的荤菜。

A: 好的，我们将其中一道热的荤菜替换成使用鱼类食材的菜肴：

…………

热的荤菜：

① 鱼香茄子：将茄子切片，加入切好的姜蒜末，炒熟后加入适量的生抽、酱油、料酒、糖调味。

② 红烧排骨：……

…………

Q: 鱼香茄子不是使用鱼类食材的荤菜，请修改。

A: 对不起，我犯了个错误，我们将鱼香茄子替换成使用鱼类食材的荤菜。

…………

热的荤菜：

① 香煎鲈鱼：将鲈鱼腌制后，加入适量的生姜片，用香油煎熟。

② 红烧排骨：……

…………

可以看到，ChatGPT 对菜谱的认知还存在一定的不足。例如，它认为青椒鸡蛋是凉菜，鱼香茄子里有鱼，都需要人工进行指正。此外，有些菜谱的做法描述过于简单或者存在错误，用户同样可以要求 ChatGPT 做修改，这里不再赘述。

10

ChatGPT+办公

编写 Excel 公式

ChatGPT 具有一定的编程能力，在日常办公中让它帮我们编几个 Excel 公式也是没问题的。需要注意的是，由于 ChatGPT 还不具备识图的能力，我们不能通过截图的方式让 ChatGPT "看到"数据，而要用简洁的文字把数据的情况描述出来。

Q: 我有一个 Excel 工作表，B 列中是员工的身份证号，我想从身份证号中提取员工的性别，应该怎么编写公式呢？

A: 在 Excel 中，您可以使用以下公式提取身份证号中的性别信息：

①在新列中放置公式：在 C 列中，输入以下公式：

=IF(MOD(MID(B2,17,1),2)=0," 女 "," 男 ")

② 将公式拖动到所有单元格中：您可以按住鼠标右键拖动该公式以应用于每个单元格。

请注意，上述公式假定 B 列中的第 17 个字符代表性别，并且用了中文的"女"和"男"。如果您的身份证号的格式与此不同，请修改公式以适应您的需求。

把 ChatGPT 给出的公式输入工作表中进行验证，成功地达到了目的。效果如下图所示。

C2	:	✕ ✓	fx	=IF(MOD(MID(B2,17,1),2)=0,"女","男")			
	A	B	C	D	E	F	G
1	姓名 ▼	身份证号 ▼	性别 ▼				
2	王小明	510104202308042271	男				
3	李红	510104202304097160	女				
4	金欣	510104202306280815	男				
5							

如果不理解 ChatGPT 给出的公式，还可以让它给我们讲解一番。

Q： 能详细解释一下这个公式中用到的函数吗？

A： 这个公式中使用了以下几个 Excel 函数：

① IF 函数：该函数用于执行条件判断，如果指定的条件为 TRUE，则返回一个值，如果条件为 FALSE，则返回另一个值。该函数的语法如下：
IF(logical_test, [value_if_true], [value_if_false])

②MOD 函数：该函数返回第一个参数除以第二个参数的余数。该函数的语法如下：

MOD(number, divisor)

③MID 函数：该函数返回一个文本字符串中从开头位置开始的指定长度的字符。该函数的语法如下：

MID(text, start_num, num_chars)

希望以上信息能帮助您理解这个公式的工作原理。

ChatGPT 不仅能"授人以鱼"，还能"授人以渔"，可以说是一个相当称职的办公小助手。

编写 Excel VBA 代码

对 Excel 有一定了解的办公人士都知道，如果想进一步提高 Excel 的使用效率，只掌握工作表函数是远远不够的，还需要掌握 VBA。但是 VBA 有一定的难度，学习起来并不轻松。如果临时有工作任务需要用 VBA 来完成但又不会写代码，可以向 ChatGPT 求助。

Q：我有一个 Excel 工作簿，其中有多个工作表，我想把每个工作表都保存成单独的工作簿，你能帮我编一段 VBA 代码吗？

A：当然可以！下面是一个使用 VBA 将 Excel 工作簿

中的每个工作表单独保存为工作簿的代码：

```
1   Sub SplitWorkbook()
2       Dim ws As Worksheet
3       For Each ws In ThisWorkbook.Worksheets
4           ws.Copy
5           ActiveWorkbook.SaveAs File-
            name:=ThisWorkbook.Path & "\" &
            ws.Name & ".xlsx"
6           ActiveWorkbook.Close
7       Next ws
8   End Sub
```

使用方法：

① 在 Excel 中打开您要拆分的工作簿。

② 按 Alt+F11，打开 Excel 的 Visual Basic 编辑器。

③ 在 Visual Basic 编辑器中粘贴上面的代码。

④ 按 F5 运行代码。

代码将创建与源工作簿相同路径下的多个单独的工作簿，每个工作簿包含原工作簿中的一个工作表。

ChatGPT 不仅编写了 VBA 代码，还贴心地说明了代码的运行方法，对新手来说非常友好。这里用如下图所示的工作簿验证一下代码是否正确。

1月销售表			
日期	员工姓名	业绩	
		销售量	销售额
2021-01-01	张君	56	¥ 4,984.00
2021-01-02	郭晓冬	48	¥ 4,272.00
2021-01-03	邓小林	39	¥ 3,471.00
2021-01-04	张平	74	¥ 6,586.00
2021-01-05	王婷	20	¥ 1,780.00
2021-01-06	张兰	49	¥ 4,361.00
2021-01-07	李洁	28	¥ 2,492.00

1月 2月 3月

就绪

在上述工作簿中运行 ChatGPT 编写的 VBA 代码，可在该工作簿所在的文件夹下看到新生成的 3 个工作簿，每个工作簿都用来源工作表的名称命名，如下图所示。

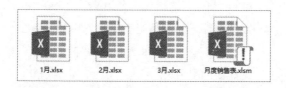

1月.xlsx　2月.xlsx　3月.xlsx　月度销售表.xlsm

打开任意一个新增工作簿，如"1 月 .xlsx"，可看到源工作表，如下图所示。这说明 ChatGPT 编写的 VBA 代码完全正确。

1月销售表			
日期	员工姓名	业绩	
		销售量	销售额
2021-01-01	张君	56	¥ 4,984.00
2021-01-02	郭晓冬	48	¥ 4,272.00
2021-01-03	邓小林	39	¥ 3,471.00
2021-01-04	张平	74	¥ 6,586.00
2021-01-05	王婷	20	¥ 1,780.00
2021-01-06	张兰	49	¥ 4,361.00
2021-01-07	李洁	28	¥ 2,492.00

1月

就绪

如果想将这段代码作为自学 VBA 的素材，还可以让
ChatGPT 为代码加上注释。

Q：能为每一行代码加上注释吗？

A：当然！下面是代码的详细注释：

```
1    Sub SplitWorkbook()  ' 这行代码声明了一个
     名为 SplitWorkbook 的子程序
2        Dim ws As Worksheet  ' 这行代码定义了
         一个名为 ws 的 Worksheet 变量，用于在循
         环中遍历每个工作表
3        For Each ws In ThisWorkbook.Work-
         sheets  ' 这行代码开始了一个 For Each
         循环，循环将遍历当前工作簿中的所有工作
         表，每次循环中 ws 变量都会被赋值为当前
         工作表的引用
4            ws.Copy  ' 这行代码复制当前工作表
             到新的工作簿中
5            ActiveWorkbook.SaveAs File-
             name:=ThisWorkbook.Path & "\" &
             ws.Name & ".xlsx"  ' 这行代码将
             新工作簿保存到与源工作簿相同的路径
             下，并使用当前工作表的名称作为文件
             名，文件名格式为"当前工作表名 .xlsx"
6            ActiveWorkbook.Close  ' 这行代码
             关闭当前工作簿
7        Next ws  ' 这行代码将 ws 变量的值设置为
```

```
                下一个工作表，并开始下一次循环
  8    End  Sub   ' 这行代码结束了 SplitWorkbook 子
       程序
```

　　ChatGPT可以快速地按用户的要求生成高质量的代码，不论是关键时刻救急还是新手学习，ChatGPT都是一个不可或缺的办公利器。

11

ChatGPT+翻译

以对话的方式进行翻译

ChatGPT 可以翻译小段文本，下面是一个例子。

Q: 请将以下的英文文本翻译成中文：

ChatGPT is underpinned by a large language model that requires massive amounts of data to function and improve. The more data the model is trained on, the better it gets at detecting patterns, anticipating what will come next and generating plausible text.

OpenAI, the company behind ChatGPT, fed the tool some 300 billion words systematically scraped from the internet: books, articles, websites and posts – including personal information obtained without consent.

If you've ever written a blog post or product review, or commented on an article online, there's a good chance this information was consumed by ChatGPT.

A: ChatGPT 由一个大型语言模型支撑，需要大量的数据才能正常运行并改进。模型训练的数据越多，它检测模式、预测接下来会发生什么以及生成合理文本的能力就越强。

OpenAI 公司是 ChatGPT 的背后支持者，他们向这个工具提供了系统地从互联网抓取的大约 300 亿个词：包括书籍、文章、网站和帖子，其中包括未经同意获取的个人信息。

如果您曾经写过博客文章或产品评论，或在线评论文章，那么您的信息很有可能已被 ChatGPT 消耗。

Q: 请优化翻译结果，让它更符合中文的表达习惯。

A: ChatGPT 由大型语言模型提供支撑，需要大量数据才能正常运行并不断改进。模型训练的数据越多，它检测模式的能力、预测下一步的能力以及生成合理文本的能力就会越强。

OpenAI 公司是 ChatGPT 的背后开发者，他们通过系统地从互联网上抓取数据，为 ChatGPT 提供了大约 300 亿个词，其中包括书籍、文章、网页和帖子，以及未经许可获取的个人信息。

如果您曾经写过博客文章、产品评价，或在线评论

文章，那么您的信息很可能已经被 ChatGPT 消耗。

Q：最后一段读起来还是不太自然，请再修改一下。

A：ChatGPT 由大型语言模型提供支撑，需要大量数

据才能正常运行并不断改进。模型训练的数据越

多，它检测模式的能力、预测下一步的能力以及生

成合理文本的能力就会越强。

OpenAI 公司是 ChatGPT 的开发者，他们通过从互

联网上系统地抓取数据，为 ChatGPT 提供了大约

300 亿个词，包括书籍、文章、网页和帖子，以及

未经许可获取的个人信息。

如果您曾在网上写过博客文章、产品评价，或对

网文发表过评论，那么很有可能您的信息已经被

ChatGPT 使用过了。

可以看到，ChatGPT 一开始给出的译文基本上没有偏离
原文的意思，但是不符合中文的表达习惯。在我们的要求下，
ChatGPT 对译文进行了两次优化，最终结果还是比较令人满意的。

调用 GPT-3 API 进行翻译

OpenAI 的 GPT-3 模型为程序员提供了开发接口，下面利

用这个接口编写一段 Python 代码，完成一个英译中的小任务。
代码如下：

```
1   import openai
2
3   # 设置 API Key
4   openai.api_key = 'sk-*********************
    ***********************'
5
6   # 选择模型，给出输入文本
7   model_engine = 'text-davinci-003'
8   text = '''\
9   ChatGPT has taken the world by storm. Within
    two months of its release it reached 100 mil-
    lion active users, making it the fastest-grow-
    ing consumer application ever launched. Users
    are attracted to the tool's advanced capa-
    bilities - and concerned by its potential to
    cause disruption in various sectors.
10  A much less discussed implication is the pri-
    vacy risks ChatGPT poses to each and every one
    of us. Just yesterday, Google unveiled its own
    conversational AI called Bard, and others will
    surely follow. Technology companies working on
    AI have well and truly entered an arms race.
11  '''
12  prompt = '请将下列英文翻译成中文：\n' + text
```

```
13    # 生成回答
14    completions = openai.Completion.create(
15        engine=model_engine,
16        prompt=prompt,
17        max_tokens=1024,
18        temperature=0.5
19    )
20
21    # 输出回答
22    message = completions.choices[0].text
23    print(message)
```

第1行代码用于导入 GPT-3 模型接口对应的 Python 模块 openai。该模块可以使用"pip install openai"命令来安装。

第4行代码用于给出接口的 API Key。可在浏览器中登录 OpenAI 账户来生成 API Key。

第7行代码用于指定要使用的模型。这里指定的 text-davinci-003 是能力最强的 GPT-3 模型。它不仅能完成其他模型所能完成的任务,而且能给出更长、质量更高的输出,能更好地跟随用户的命令,还能在文本中插入内容。

第8~11行代码用于给出待翻译的原文。

第12行代码用于将原文拼接在执行翻译操作的命令之后,得到要输入模型的内容。

第 14 ~ 19 行代码用于生成回答,即执行翻译操作并返回译文。参数 engine 用于指定模型。参数 prompt 用于指定输入内容。参数 max_tokens 用于指定生成内容的长度,text–davinci–003 模型的上限是 4 000 个 token。关于 token 的详细介绍见 https://help.openai.com/en/articles/4936856–what–are–tokens–and–how–to–count–them。参数 temperature 的值在 0 和 2 之间,较高的数值(如 0.8)会提高生成内容的随机性,而较低的数值(如 0.2)会让生成的内容更加集中和确定。

第 22 行代码用于从接口返回的数据中提取生成的内容,即译文。

第 23 行代码用于输出译文。

在本书附赠资料中可以下载上述代码。

运行代码后输出的译文如下:

1　ChatGPT 引起了全世界的轰动。在发布两个月内,它就达到 1 亿活跃用户,成为史上增长最快的消费应用程序。用户被其先进的功能所吸引,也担心它可能在各个行业造成破坏。

2　讨论得更少的是 ChatGPT 给我们每个人带来的隐私风险。就在昨天,谷歌发布了自己的会话 AI 名为 Bard,其他公司肯定也会跟上。致力于 AI 研究的科技公司无疑已经进入了一场军备竞赛。

GPT-3 模型接口的翻译效果还是不错的，但是该接口不能像 ChatGPT 那样以对话的方式对译文进行润色，使用起来不够方便。并且接口对输入内容和输出内容都有长度限制，如果要翻译较长的文章,则需要设法将文章拆分成一个个小片段,再传入接口中进行翻译。

[第 **5** 章]

科技的碰撞：
ChatGPT+编程

程序员就像人类和计算机之间的翻译官，他们所做的工作主要就是把人的想法和需求编写成计算机可以理解的代码和命令。有人认为，当人工智能可以理解人类的语言，并且可以把人类的想法转换成代码，那么程序员就失去了存在的意义。也有人认为，人工智能的发展目标不是消灭程序员，而是通过消除一些重复性的工作让程序员有更多的时间去进行创造性的思考，去解决更棘手的问题。人工智能与程序员应该是合作关系，而不是竞争关系。

　　抛开这些争议不谈，人工智能的确能给程序员的工作带来很大的便利，下面就来看看用 ChatGPT 完成编程相关任务的一些例子吧。

01

编写示例代码

OpenAI 的 GPT-3 模型为程序员提供了开发接口。要掌握开发接口的使用方法，就得花时间阅读相关的技术文档。如果没有时间阅读文档，也可以用 ChatGPT 生成示例代码，从而快速了解接口的基本用法。

Q: 我想用 Python 调用 OpenAI 的 GPT-3 模型，要怎么编写代码呢？

A: 使用 OpenAI 的 GPT-3 模型需要先注册 OpenAI API 并获得 API 密钥。你可以在 OpenAI 的官方网站上申请 API 密钥。

接下来，你需要安装 OpenAI 的 Python SDK，你可以使用以下命令安装：

```
1   pip install openai
```

然后，你就可以使用以下代码调用 GPT-3 模型了：

```python
import openai

# 设置 API 密钥
openai.api_key = "YOUR_API_KEY"

# 设置模型名称
model_engine = "text-davinci-002"

# 指定输入
prompt = "What is the capital of France?"

# 调用模型生成文本
completions = openai.Completion.create(
    engine=model_engine,
    prompt=prompt,
    max_tokens=1024,
    n=1,
    stop=None,
    temperature=0.5,
)

# 获取生成的文本
message = completions.choices[0].text
print(message)
```

以上代码将输出：

```
1    Paris is the capital of France.
```

可以看到，ChatGPT 给出的回答条理十分清晰，不仅有格式规范、带有简洁注释的代码，还包括要做的准备工作和代码的运行结果。

02

代码错误修正与功能解读

ChatGPT 可以修正代码中的错误，并解读代码的功能。这对于编程新手来说尤其有用。

Q: 下面这段 Python 代码有什么问题吗？

```
1   from pathlib import path
2   p = Path('/home/ChatGPT/data.csv')
3   if p.exist() and p.suffix = '.csv'
4   p.unlink()
```

A: 这段代码中存在以下问题：

① 导入错误：应该使用 "from pathlib import Path" 而不是 "from pathlib import path"。

② 命名错误：使用 Path 类而不是 path 变量。

③ 函数名错误：使用 exists() 而不是 exist() 检查路径是否存在。

④比较错误：比较操作应该使用"=="而不是"="。

⑤缩进错误：unlink() 应该在 if 语句下面缩进。

正确的代码应该如下：

```
1    from pathlib import Path
2    p = Path('/home/ChatGPT/data.csv')
3    if p.exists() and p.suffix == '.csv':
4        p.unlink()
```

Q： 能解释一下上面这段代码的功能吗？

A： 是的，我很愿意。这段代码的功能是：如果 /home/ChatGPT/data.csv 这个文件存在且扩展名是".csv"，那么就删除该文件。

它用到了 Python 中的 pathlib 模块，该模块提供了 Path 类，可以简化文件系统操作。

在代码中，首先使用 Path 类创建了一个 p 对象，代表文件 /home/ChatGPT/data.csv。

然后使用 p.exists() 检查该文件是否存在，如果存在，则使用 p.suffix 获取文件扩展名并与".csv"进行比较。

如果扩展名是".csv"，则使用 p.unlink() 删除该文件。

可以看到，ChatGPT 指出了原始代码中几乎所有的错误，除了 if 语句末尾缺失的冒号，但在修正时仍然补上了这个冒号。ChatGPT 对代码功能的讲解也很浅显易懂。

03

代码评审与优化

ChatGPT 可以评价代码的质量。即使代码没有语法错误，ChatGPT 也能分析其中是否还有优化的空间。

Q: 你觉得这段 Python 代码写得怎么样?

```
1   a = []
2   for i in range(10):
3       a.append(i)
```

A: 这段代码的编写是正确的，也是简单易懂的。它创建了一个空列表 a，然后使用 for 循环在其中添加了 10 个整数。但是，如果你想让代码更简洁、更 Pythonic[①]，可以使用列表推导式:

```
1   a = [i for i in range(10)]
```

---

① 简单来说，Pythonic 用于形容代码具有浓厚的 Python 风格，简洁、优雅、地道，可读性强。

04

提供编程思路

如果不知道该如何通过编程来解决一个问题，可以让 ChatGPT 提供一些思路。

Q: 我有一个列表 ['3 月 ', '10 月 ', '9 月 ', '8 月 ']，想用 Python 对它进行自然排序，有哪些方法呢?

A: 您可以使用 Python 的内置函数 sorted() 来实现自然排序。

下面是一个例子:

```
1  months = ['3月', '10月', '9月', '8月']
2  sorted_months = sorted(months, key=
   lambda x: int(x[:-1]))
3  print(sorted_months)
4  # 输出: ['3月', '8月', '9月', '10月']
```

在上面的代码中，我们通过提供一个 key 函数给 sorted() 函数来告诉它如何比较元素。在这里，我们把每个元素看作一个字符串，并将其转换为整数。

Q: 还是有点复杂，有没有更简单的方法呢？

A: 是的，您可以使用第三方模块 natsort 进行自然排序。

首先，您需要安装 natsort 模块：

```
1    pip install natsort
```

然后，您就可以这样使用 natsort 进行自然排序：

```
1    from natsort import natsorted
2
3    months = ['3月', '10月', '9月', '8月']
4    sorted_months = natsorted(months)
5    print(sorted_months)
6    # 输出：['3月', '8月', '9月', '10月']
```

可以看到，ChatGPT 准确地发现了列表中的元素都以"月"字结尾，且其余部分可视为整数。它甚至能理解这些元素所代表的实际上是月份，因而用 months 来作为变量名。在我们的追问下，ChatGPT 还提供了另一种更易于理解的编程思路。

05

推荐技术方案

在规划一个开发项目时，技术方案的选择是非常重要的一个方面。下面来看看 ChatGPT 能给我们提供什么样的建议。

Q: 我是一个运维人员，同时管理着多台 Linux 主机和 Windows 主机，想要通过编程来实现自动化管理这些主机，你能推荐一些技术方案吗？

A: 当然！作为运维人员，自动化是一项很重要的技能。以下是一些推荐的技术方案：

① Ansible：这是一个非常流行的自动化管理工具，适用于 Linux 和 Windows 系统。它可以通过 SSH 或 WinRM 协议连接到远程主机，执行脚本和任务。

② Puppet：这是一个开源的配置管理工具，可以自动化管理大量主机。Puppet 可以通过其语言和模块来描述系统的配置，并自动将其应用到目标系统。

③ Chef：这是一个基于 Ruby 的配置管理工具，可以自动化管理大量主机。Chef 可以通过其语言和模块来描述系统的配置，并自动将其应用到目标系统。

④ SaltStack：这是一个分布式的配置管理工具，可以自动化管理大量主机。SaltStack 使用 Python 语言，可以通过它的模块和命令行工具来管理远程主机。

这四种工具都是非常流行且强大的自动化管理工具，你可以根据自己的需求和喜好选择一个合适的工具。

Q: 我只会用 Python 编程，哪个工具适合我呢？

A: 如果您只会用 Python 编程，我推荐您使用 SaltStack。SaltStack 是一个分布式的配置管理工具，使用 Python 语言开发，因此您可以使用您熟悉的语言来编写脚本和模块。此外，SaltStack 还提供了丰富的文档和社区支持，方便您学习和使用。因此，如果您只会 Python，SaltStack 是一个不错的选择。

ChatGPT 的回答或许并不完全准确（实际上，Ansible 也是用 Python 开发的），但它为我们快速了解一个未知的领域建立了很好的起点。

06

模拟 Linux 终端

ChatGPT 可以按照我们所要求的方式与我们进行对话。下面让 ChatGPT "扮演" Linux 终端的角色，我们输入的内容是 shell 命令，ChatGPT 会返回命令的执行结果。

Q： 我想让你模拟一个 Linux 终端。我会输入 shell 命令，你要显示终端应该输出的内容，不需要做任何解释。我输入的第一条命令是 "uname −a"。

A： Linux localhost 4.19.0−14−amd64 #1 SMP Debian 4.19.171−2 (2021−09−22) x86_64 GNU/Linux

Q： pwd

A： /home/user

Q： echo −n "ChatGPT" | base64

A： Q2hhdEdQVA==

可以看到，由于我们给出的要求具体而清晰，ChatGPT 很好地完成了"角色扮演"的任务。按照这个思路举一反三，还能让 ChatGPT 模拟 JavaScript 控制台、Python 解释器等，给编程工作带来一些便利。

07

编写 SQL 语句

ChatGPT 可以基于自然语言的描述编写 SQL 语句，下面是一个例子。

Q: 我想在 MySQL 中存储学生选课的数据，每一名学生可以选修多门课程，应该创建几个数据表？

A: 通常，在 MySQL 中存储学生选课数据需要创建三个数据表：学生表、课程表和选课表。

学生表存储学生的个人信息，包括学生的姓名、学号等信息，它可以是主表。

课程表存储课程的信息，包括课程名称、课程编号等信息，它也可以是主表。

选课表存储学生选课信息，包括学生学号、课程编号等信息，它是从表，用于连接学生表和课程表，是多对多的关系。

下面是创建这三个数据表的示例代码：

```sql
1   CREATE TABLE students (
2     student_id INT PRIMARY KEY,
3     name VARCHAR(50) NOT NULL,
4     ...
5   );
6   CREATE TABLE courses (
7     course_id INT PRIMARY KEY,
8     name VARCHAR(50) NOT NULL,
9     ...
10  );
11  CREATE TABLE enrollments (
12    enrollment_id INT PRIMARY KEY,
13    student_id INT NOT NULL,
14    course_id INT NOT NULL,
15    FOREIGN KEY (student_id) REFERENCES
      students(student_id),
16    FOREIGN KEY (course_id) REFERENCES
      courses(course_id)
17  );
```

ChatGPT 很好地理解了我们的意图，它先分析出了各个数据表要包含的字段和数据表之间的关联关系，然后据此编写出了基本正确的 SQL 语句。从这个案例可以看出，ChatGPT 已经具备了一定的数据表设计能力和编写较复杂的 SQL 语句的能力。

08

在代码编辑器中
调用 ChatGPT

目前已经有人为一些流行的代码编辑器开发出了 ChatGPT 的插件，让程序员不需要离开代码编辑器窗口就能利用 ChatGPT 帮助自己编程。

例如，在微软公司推出的 Visual Studio Code 的扩展商店里搜索"ChatGPT"，可以得到近 30 款插件。下面就来体验一下其中下载量最高的一款插件（见下图）的使用效果。

安装插件后，按照插件详情页面中描述的使用说明进行登录（可以使用 OpenAPI 的账号 / 密码或 API Key），就可以使

用插件了。在 Visual Studio Code 中创建或打开一个代码文件，然后选中其中要分析的代码片段并右击，在弹出的快捷菜单中选择以"ChatGPT"开头的命令，即可调用插件对代码进行分析。

例如，这里要对一段代码自动进行注释，就在快捷菜单中选择"ChatGPT: Add comments"命令，如下图所示。

随后在窗口左边的插件窗格里就会自动对这段代码与 ChatGPT 进行对话，如下图所示。还可以单击窗格中的按钮，将 ChatGPT 生成的带注释代码复制到剪贴板或直接插入到代码文件中。

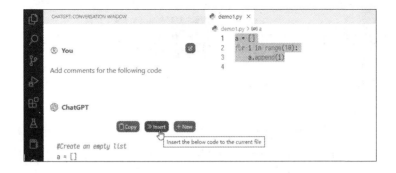

［第 **6** 章］

AIGC 与产业生态

AIGC（AI Generated Content）指的是使用人工智能技术生成的内容，包括文字、图像、视频等多种形式。通过机器学习、深度学习等技术，AI 系统可以学习和模仿人类的创作风格和思维模式，自动生成大量高质量的内容。AIGC 被视为继用户生成内容（UGC）和专业生成内容（PGC）之后的下一个主流的内容生成模式。

01

AIGC 的应用与发展

AIGC 的发展历程可以追溯到 20 世纪 50 年代，当时的科学家就已经开始研究人工智能和自然语言处理。但随着计算机技术和人工智能技术的不断发展，AIGC 才逐渐成为可能。

AIGC 可以应用在很多方面，这里对其中一部分进行简单介绍。

代码生成：可对程序员编写代码的意图和需求进行分析，生成代码，也可提供代码提示、评测代码的正确性。

文字生成：可生成小说、文章、产品说明、广告文案等。

自然语言处理：可处理文本、语音、图像等信息，实现语言翻译、问答系统等。

音频生成：可生成音乐、音效、语音等。

图像生成：可生成图片、动画、设计图纸等。

视频生成：可生成虚拟的视频，如广告视频、教学视频、娱乐视频等。

也可以通过如下图所示的导图进行较为直观的了解。

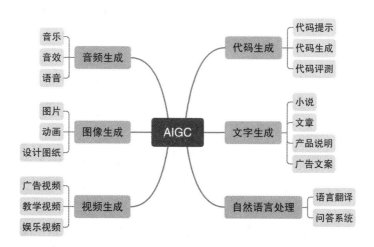

随着技术的不断发展，AIGC 在更多领域的应用也在不断拓展。尽管 AIGC 技术已经取得了很大的进展，但它仍然存在一些挑战。例如，生成的内容质量可能不够高，表达不够流畅，甚至存在语言偏差和偏见等问题。因此，在未来的发展中，AIGC 技术仍需要不断完善和改进。

02

ChatGPT 在 AIGC 中
起到的作用

  ChatGPT 对于 AIGC 来说具有重要的革新性优势，有助于加速 AIGC 的发展、丰富 AIGC 的应用场景、提高 AIGC 的应用效果。ChatGPT 作为一种基于 GPT 模型的自然语言处理技术，在 AIGC 领域的文字 / 语言模态中有重要意义，如下图所示。

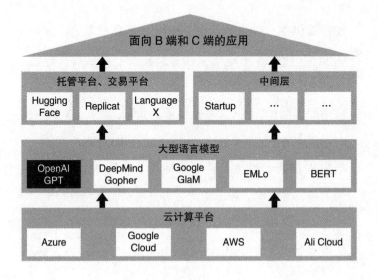

03

AIGC 产业链参与者

AIGC 的产业链包括硬件提供商、技术提供商、数据提供商、平台供应商、应用开发商、应用服务商、最终用户等多个参与者。这些参与者在 AIGC 生态中协同合作，从而推动 AIGC 技术的不断发展，形成一个闭合的生态体系。

硬件提供商：提供机器学习训练与推理的算力，其中 GPU 与 TPU 为硬件核心，主要参与厂商包括英伟达（GPU）与谷歌（TPU）。

技术提供商：提供人工智能技术、引擎、算法、工具等，主要参与者有 OpenAI、谷歌、Meta、IBM 等。

数据提供商：提供各种格式的数据，如语音、图像、文本等，可能有各种不同的公司或组织，包括数据科学公司、数据库技术公司、数据挖掘公司等，具有代表性的数据提供商有 IBM、Oracle、Infosys、Wipro、TCS 等。

平台供应商：提供计算、存储、网络等基础设施，如谷歌、微软、亚马逊等；或提供人工智能平台，如 OpenAI。

应用开发商：开发 AIGC 的应用程序，如聊天机器人、语音识别、图像识别等，具有代表性的应用开发商有华为、腾讯、字节跳动、百度、阿里巴巴等。

应用服务商：为最终用户提供 AIGC 的服务，如聊天机器人客服、语音识别服务、图像识别服务等。

最终用户：使用 AIGC 的产品和服务的个人和企业。

04

AIGC 的技术方法

在 AIGC 领域中，分析式 AI（Analytical AI）和生成式 AI（Generative AI）是两种不同的技术方法。分析式 AI 通常利用预先训练的模型对数据进行分析，预测输出结果。生成式 AI 则是一种更加灵活的方法，它可以根据给定的数据生成新的内容。

分析式 AI 和生成式 AI 并不存在先后关系，它们是并行发展的。分析式 AI 通过分析数据和特征，从而获得结论，在很多领域有着广泛的应用，它的发展历程主要围绕着机器学习和深度学习技术的不断提升而展开。分析式 AI 的代表性技术如下：

机器学习：利用算法从数据中学习规律，并预测未知数据。

深度学习：一种机器学习的技术，利用多层神经网络处理数据。

自然语言处理（NLP）： 使用算法处理人类语言，如语音识别、语音合成等。

计算机视觉： 使用计算机处理图像数据，如图像识别、目标检测等。

关系数据库管理系统（RDBMS）： 将数据存储在关系表中，支持高效查询和数据分析。

生成式 AI 是近年来新兴的人工智能技术，专注于根据已有数据生成新的数据或内容。生成式 AI 的代表性技术如下：

生成对抗网络（Generative Adversarial Network，GAN）：这种生成模型使用生成器和判别器两个网络协同生成新数据。

变分自编码器（Variational Autoencoder，VAE）：这种生成模型通过捕获数据的隐藏表示来生成新数据。

基于 Transformer 的生成模型（Transformer-Based Generative Model）：这种生成模型在自然语言处理领域取得了显著的成果。

基于流的生成模型（Flow-Based Generative Model）：这是一种利用概率流的生成模型，它特别适用于处理复杂的分布。

分析式 AI 和生成式 AI 的不同特点和适用场景，为 AIGC

领域带来了丰富的可能性。例如，分析式 AI 可以用于语音识别、图像分类等任务，而生成式 AI 则可以用于文本生成、图像生成等任务。也就是说，这两种技术可以从不同的角度应用于 AIGC 领域的不同场景，实现不同的功能。

05

AIGC 的模型发展

　　AIGC 的模型通过学习已有数据的特征，利用随机数生成、概率预测等方式来生成新的内容。AIGC 的模型发展可以说是一个漫长且不断进化的过程。下页上图所示是 AIGC 的模型发展过程中一些重要的里程碑。

　　AIGC 的模型一直在不断升级，有以下几种主要的模型。

　　生成对抗网络（GAN）：这是一种对抗生成模型，由生成器和判别器组成，生成器生成的数据通过判别器来判断是否与真实数据相似，并不断更新生成器的参数。在 AIGC 领域的核心优势是其生成的图像更加逼真，更具有多样性，如下页下图所示。GAN 可以生成更多的图像，并且可以生成从未见过的图像，而不仅仅是复制训练集中的图像。因此，它在生成图像、生成视频、生成动画、生成虚拟数据等领域具有广泛的应用。

AIGC 的模型发展

20 世纪 80 年代至 90 年代：早期的生成技术主要基于语法树和马尔科夫链，通过结合预先定义的语言规则来生成文本

21 世纪 10 年代：随着深度学习技术的发展，生成式 AI 逐渐演变为以神经网络为基础的生成技术。在这一时期，发展出了一些重要的生成模型，如语言模型和循环神经网络

2015：生成对抗网络（GAN）模型诞生，它通过让两个神经网络相互竞争来生成图像和其他媒体内容

2017：Transformer 模型问世，它通过对大量数据进行学习，能够生成高质量的文本

2019：以 Transformer 为基础的 GPT-3 诞生，它具有极高的生成能力，能够生成文本、代码、音乐等多种类型的内容

21 世纪 20 年代：随着技术的不断进步，生成式 AI 技术也在不断进化，目前正在研究的生成模型包括变分自编码器（VAE）和自注意力生成对抗网络（AGAN）等

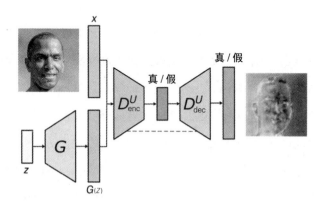

变分自编码器（VAE）：这是一种自动编码器的变体，利用变分推理来生成数据。在生成的数据中加入噪声时，它仍然能够保持较高的生成质量。因此，在需要处理噪声多的场景中，使用 VAE 可以生成更加符合预期的数据，如下图所示。

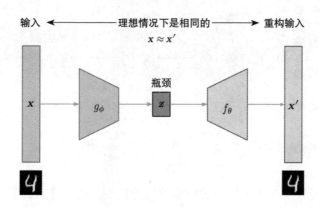

Transformer：具有注意力机制和并行化的处理能力，这使得它能够有效处理大规模的序列数据。Transformer 模型可以在保持较高精度的情况下快速训练，这是其在 AIGC 领域的一个重要优势。在 AIGC 中常常被用于自然语言处理任务，如机器翻译、文本分类、语言生成等。

循环神经网络（RNN）：RNN 模型是生成连续序列数据的方法之一，它可以捕捉到序列数据中的长期依赖关系，并使用它们来生成新的数据。具体来说，在生成一个序列数据时，RNN 模型会记录原序列中的每一项和生成的上一项，并使用这些信息来生成下一项，如下图所示。因此，RNN 模型通常被用于生成文本、语音和音乐等连续序列数据。

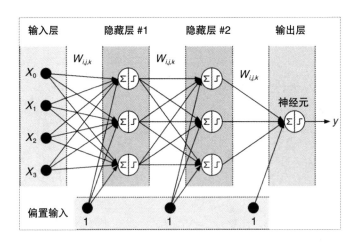

随着生成技术模型的应用领域的扩展，在计算机视觉、自然语言处理、图像生成等领域的应用前景十分广阔。通过对大量数据的学习，这些模型能够生成高质量的图像、文本、语音等内容，有望在娱乐、游戏、教育、广告等行业得到广泛应用。随着人工智能技术的不断提高，生成技术模型的应用前景更加广阔。

06

AIGC 模型产品之间的竞争

AIGC 领域的模型之间存在一定的竞争。这是因为不同的 AIGC 模型都在努力成为最优解，以期占据更大的市场份额。

竞争的主要方式是通过改进模型的准确性和效率，以及提供更丰富的功能和特性。同时，不同的 AIGC 模型也在不断地拓展新的应用领域，以满足不同行业需求，如表 6-1 所示。

下面以 AI 图像生成器 DALL·E 2、Stable Diffusion 和 Midjourney 三种模型为例介绍 AIGC 模型产品之间的竞争。

DALL·E 2 使用数以百万计的图片数据进行训练，其输出结果更加成熟，非常适合企业使用。当有两个以上的人物出现时，DALL·E 2 生成的图像要比 Midjourney 或 Stable Diffusion 好得多。

表 6-1　有代表性的模型与产品

AIGC	模型	产品
OpenAI	GPT 系列模型：ChatGPT、CLIP、DALL·E 2、Codex …	基于 GPT-3：Snazzy AI、Copy.ai 基于 DALL·E 2：DALL·E 2 基于 Codex：GitHub Copilot
Stability AI	Stable Diffusion	Dreamstudio 开源算法 Stable Diffusion 应用于 DALL·E 2、Diffusion 等其他公司模型中
Midjourney	Midjourney	Discord 机器人
Meta AI	OPT、Make-A-Scene、Make-A-Video…	Cicero、Data2vec

Midjourney 是一个以其艺术风格闻名的工具。Midjourney 使用其 Discord 机器人来发送和接收对 AI 服务器的请求，几乎所有的事情都发生在 Discord 上。由此生成的图像很少看起来像照片，它似乎更像一幅画。

Stable Diffusion 是一个开源的模型，人人都可以使用。它可以对复杂的提示词进行解释，因此它对当代艺术图像有比较好的理解，可以生成充满细节的艺术作品。因此 Stable Diffusion 比较适合生成复杂的、有创意的插图，但在创作一般的图像时就显得有些许不足。

下图所示的案例对比了不同模型基于相同的提示词生成的图像，有助于了解每种模型的相似性和差异。

Pyramid shaped mountain above a still lake, covered with snow

Dark alley at night 4k raining aesthetic

Eerie forest, black and white, night

Cherry Blossom near a lake, snowing

07

AIGC 文本生成技术的落地

AIGC 文本生成技术场景可以分为交互式和非交互式（见下页图），交互式文本是在一个上下文中进行文本交互，非交互式文本则是基于结构化数据，在特定场景下生成结构化文本内容；还可以立足在相对结构化的文本上，创作出开放度和自由度更高的文本内容。

AIGC 技术将会改变数字内容生产模式。AIGC 技术可以在短时间内生产大量高质量的内容，从而满足用户对内容的需求。此外，AIGC 技术还可以为数字内容生产者提供创新和创意，从而使内容更加丰富和有趣。因此，AIGC 技术在数字内容生产领域有着巨大的潜力和应用前景。

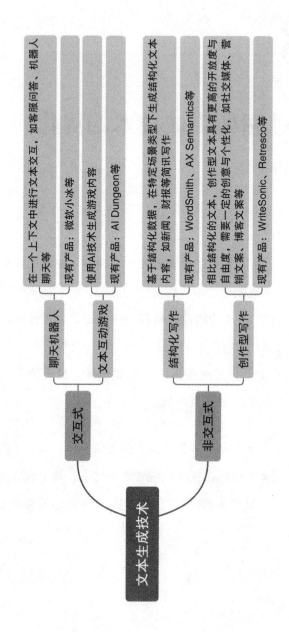

文本生成技术

交互式
- 聊天机器人
  - 在一个上下文中进行文本交互，如客服问答、机器人聊天等
  - 现有产品：微软小冰等
- 文本互动游戏
  - 使用AI技术生成游戏内容
  - 现有产品：AI Dungeon等

非交互式
- 结构化写作
  - 基于结构化数据，在特定场景类型下生成结构化文本内容，如新闻、财报等简讯写作
  - 现有产品：WordSmith、AX Semantics等
- 创作型写作
  - 相比结构化的文本，创作型文本具有更高的开放度与自由度，需要一定的创意与个性化，如社交媒体、营销文案、博客文案等
  - 现有产品：WriteSonic、Retresco等

08

AIGC 图像生成技术的优化

在前面介绍 AIGC 的模型发展时，谈到了模型的升级和进化对 AIGC 生成图像的多样性产生的影响，随着技术的进一步的提升，AIGC 生成的图像质量将会逐步提升。图像生成技术包括图像编辑、图像自主生成、2D-3D 转换等，其中图像编辑技术门槛较低，其次是由文本生成图像，最难的应该是从 2D 向 3D 的转换，如下页图所示。

目前，市面上已有多款产品支持图像编辑。相较于图像生成任务，文本生成图像任务则包含更多元素，其生成效果仍存在不稳定性，对于要求较高的功能类图像生成还需要更完善的技术支持。

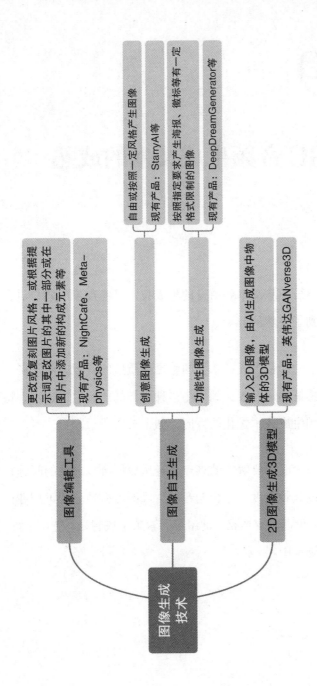

图像生成技术

图像编辑工具
更改或复刻图片风格，或根据提示词更改图片的其中一部分或在图片中添加新的构成元素等
现有产品：NightCafe、Metaphysics等

图像自主生成

创意图像生成
自由或按照一定风格产生图像
现有产品：StarryAI等

功能性图像生成
按照指定要求产生海报、徽标等有一定格式限制的图像
现有产品：DeepDreamGenerator等

2D图像生成3D模型
输入2D图像，由AI生成图像中物体的3D模型
现有产品：英伟达GANverse3D

09

AIGC 音频生成技术的成熟

现阶段，从文本到语音的生成技术已经逐步成熟，语音质量也达到了自然的标准。

未来的语音生成技术会朝着更高质量的音频方向发展，从更富有感情的语音表达到为小语种服务的语音生成技术，将是未来音频生成技术优化的方向，如下页图所示。

音乐生成需要解决的难点是音乐数据难以标注的问题，数据标注以其颗粒度大小影响音乐生成的可控性。若可控性得以解决，则可以指定风格、情绪等元素来生成音乐，应用于影视、游戏等场景中。

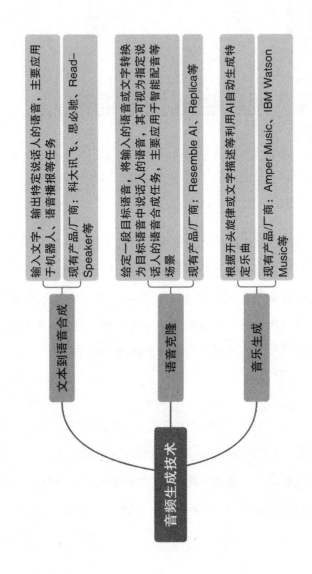

音频生成技术

文本到语音合成
- 输入文字，输出特定说话人的语音，主要应用于手机器人、语音播报等任务
- 现有产品/厂商：科大讯飞、思必驰、Read-Speaker等

语音克隆
- 给定一段目标语音，将输入的语音或文字转换为目标语音中说话人的语音，其可视为智能配音等话人的语音合成任务，主要应用于智能配音等场景
- 现有产品/厂商：Resemble AI、Replica等

音乐生成
- 根据开头旋律或文字描述等利用AI自动生成特定乐曲
- 现有产品/厂商：Amper Music、IBM Watson Music等

10

AIGC 视频生成技术的潜力

视频生成技术本质上与图像生成技术相似，也是通过利用大量的训练数据来学习视频数据的特征和分布规律，然后根据这些特征和规律生成新的视频。随着深度学习等技术的进步，视频生成的质量和效果也有了显著的提高，它可以生成真实逼真的虚拟视频，并且具有较高的灵活性和可定制性，如下页图所示。

在未来，AIGC 的视频生成技术将继续发展，预计会带来更加逼真、多样化的视频内容。随着计算机技术的进一步发展，视频生成技术将能够更加简单、高效地生成高质量的视频内容。同时，视频生成技术也有望应用于更多的领域，如教育、医疗等。

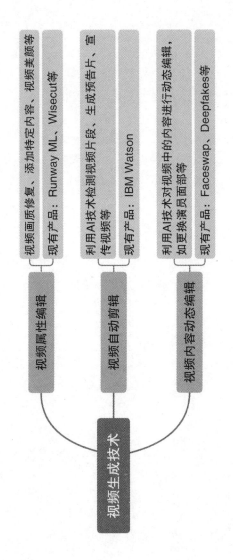

［第 **7** 章］

其他 AIGC
工具简介

OpenAI 公司的 ChatGPT 无疑是 AIGC 界的当红明星，但 AIGC 产业并不是"一家独大"的局面，而是"百花齐放"的生态。还有许多技术公司在这个领域进行了多年耕耘，并交出了优秀的答卷。本章就来介绍一些 AIGC 工具，它们有的还处于开发或试验阶段，但蕴藏着无穷的潜力，有的则已经投入商用，能够切切实实地提升生产力。

01

AI 聊天机器人：Bard

Bard 是一款基于 LaMDA（Language Model for Dialogue Applications）模型开发的聊天机器人（见下图）。它是谷歌为了应对 ChatGPT 的挑战而推出的对标产品。

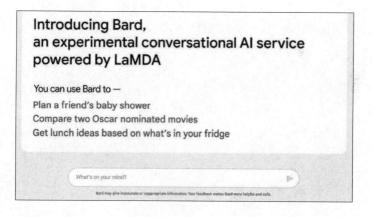

下面根据目前已知的信息对比一下 ChatGPT 和 Bard。

ChatGPT 已于 2022 年 11 月开放公众测试。Bard 目前还处于小范围测试阶段，未对公众开放，谷歌只在一场发布会上演示了 Bard 的功能。

ChatGPT 的核心技术是 GPT-3 模型，Bard 的核心技术是 LaMDA 模型。这两个模型都是基于 Transformer 模型发展而来。Transformer 模型是谷歌发明的神经网络架构，并于 2017 年开源。

ChatGPT 的训练数据只有截至 2021 年 9 月的内容，并且不能通过连网来获取新的数据。而 Bard 可以通过谷歌搜索引擎获取新的数据。这一点也是 ChatGPT 和 Bard 之间最大的区别。

02

智能写作助手：Friday

Friday 是一个在线的智能写作助手，其首页（https://www.heyfriday.cn/）如下图所示。其开发团队的领头人曾是谷歌的 NLP 科学家（NLP 深度学习模型 ALBERT 的第一作者），团队中还聚集了来自世界各地的 NLP 资深算法工程师，他们致力于将机器与写作融合，打造具备心智的 AI 写作助手。

Friday 提供了 40 多个写作模板，包括微信公众号、小红书、电商、短视频、SEO 优化等，如下图所示，基本实现了写作需求的全场景覆盖。

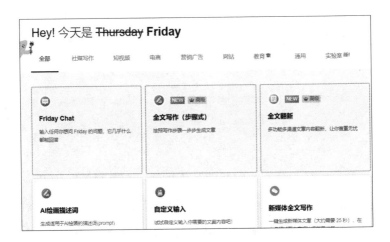

选择一种写作模板后，根据需求在页面左侧设置文章标题和关键词，再单击"生成内容"按钮，如下图所示。

即可在页面右侧自动生成文章内容，效果如下图所示。

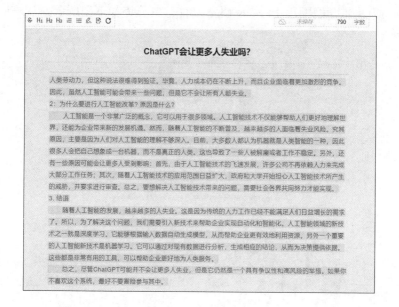

如果想获得质量更高的文章，则需要支付一定的费用购买会员套餐，如下图所示。

如果想以类似ChatGPT的"一问一答"的方式生成文字或图片，可以使用Friday Chat功能。其界面如下图所示。

03

从文本生成图像：Midjourney

Midjourney 归属于 Discord（一个聊天室网站），它的基本使用方法就像跟人聊天一样，输入描述文字，然后单击发送按钮，即可生成图片。在 fast（快速）模式下，仅需一分钟的时间，即可根据文字描述生成四种样式的图片。下面简单演示一下 Midjourney 的使用效果。

在聊天框中输入需要生成的图片的描述文字，如下图所示。

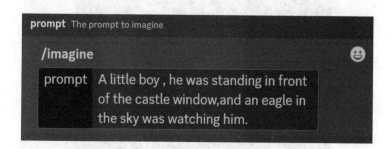

等待一会儿，在回复中即可看到生成的与文字相关的图片内容，如下图所示。

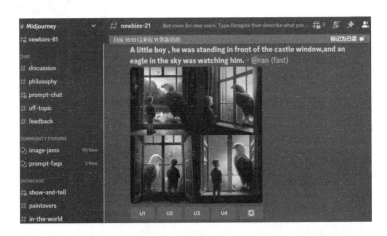

单击缩略图即可放大显示图片，如下图所示。可以看出生成的图片不管是美观程度还是精致程度，都是非常惊人的。

以下是一些关于 Midjourney 的快速问答。

Q：Midjourney 生成图片是免费的吗？

A：新用户有 25 次的免费使用额度，用完后需要付费
订阅，订阅计划分为 3 种。

基本计划（10 美元 / 月）： 每月可以生成 200 张图
片，适合轻度使用者。

标准计划（30 美元 / 月）： 每月生成的图片数量无
限制，每月 15 小时的 fast 模式使用时长。

专业计划（60 美元 / 月）： 每月生成的图片数量
无限制，每月 30 小时的 fast 模式使用时长。

这 3 种订阅计划如果按年付款，则可以享受 8 折优
惠，如下图所示。

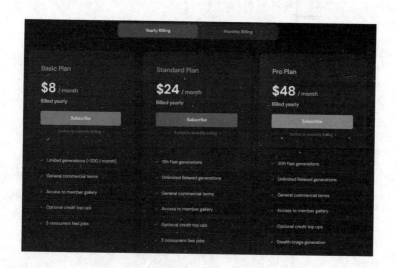

Q: fast 模式和 relax 模式有何区别？

A: 在输入框中输入 /fast 或 /relax 即可切换至对应的模式，默认为 fast 模式。

fast 模式：不需要排队，发送描述文字到公屏上，即可生成图片。

relax 模式：需要在服务器排队，有时快有时慢，排队完成时生成图片。

Q: 我不懂英文，能使用 Midjourney 吗？

A: 可以借助百度翻译或谷歌翻译等工具翻译描述文字。还有一个帮助我们精准描述需求的工具叫 Midjourney Prompt Tool，网址为 https://prompt.noonshot.com/midjourney。在这个工具的页面中，我们可以直观地选择需要调整的参数，以"风格"为例，我们可以直观地选择喜欢的某一种图片风格，如下图所示。

打开这个工具的页面，在顶部的文本框中输入描述文字，然后在下方选择和设置参数，设置好的参数

会以代码的形式出现在描述文字之后，如下图所示。设置完毕后，单击"Copy Prompt"按钮，将带有参数代码的描述文字复制到剪贴板，再粘贴到Midjourney 的聊天对话框中，即可生成相应的图片。

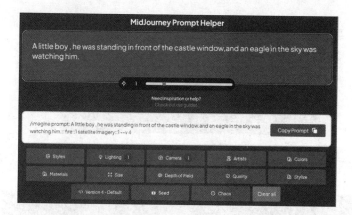

生成的图片效果如下图所示。

Q: 如何查看自己的历史作品？

A: 所有的作品及相应的描述文字全部保存在自己的主页上。进入 Midjourney 网站，单击"Sign In"按钮（见下图）进入自己的主页。

在这里可以找到之前创建的所有图片，如下图所示。

Q: 用 Midjourney 生成的图片版权归属于谁？

A: Midjourney 官方表示，只要是会员生成的图片，版权归属于创作者。

04

从文本生成图像：
造梦日记

造梦日记（https://www.printidea.art/）是国内知名度较高的AI绘画网站，它能根据用户提供的描述文字（中文和英文皆可）和参考图片使用AI算法生成高质量的图片。

造梦日记目前支持网页端和微信小程序，采用"部分免费+付费"的形式提供服务。

在浏览器中打开造梦日记的首页后，单击"开始创作"按钮，如下图所示。

即可进入图像创作页面，在"写下你的创意"文本框中输入描述文字，如下图所示。

然后根据实际需求设定图像风格、输出尺寸、分辨率和生成数量，如下图所示。最后单击"开始生成"按钮。

生成的图片效果如下图所示。

生成图片需要消耗"造梦星"。生成图片的数量和质量不同，"造梦星"的消耗个数也不同。造梦日记会给新注册的用户赠送一定数量的"造梦星"。"造梦星"使用完毕后可付费购买摘星套餐，如下图所示。

这里补充介绍更多国内外 AI 绘图平台，如下图所示。

05

从文本生成视频：
Imagen Video 和 Phenaki

在 DALL·E 2、Midjourney 等文本生成图像模型蓬勃发展的同时，用文本生成视频的 AI 工具也越来越多。

继 Meta 的 Make-A-Video 之后，谷歌也接连发布了两款视频生成模型 Imagen Video 和 Phenaki。Imagen Video 主打视频的质量，而 Phenaki 则主要挑战视频的长度。

谷歌在其官网中表示，Imagen Video 和 Phenaki 的结合是一项重要突破，它正在努力打造行业领先、能生成高质量影像的工具。AI 驱动的生成模型有着无限的创造力，可帮助人们以前所未有的方式充分表达自身的想法。

下面分别简单介绍一下 Imagen Video 和 Phenaki。

据了解，Imagen Video 基于级联视频扩散模型来生成高清视频。输入提示文本后，基本视频扩散模型与多个时间超分辨率模型（Temporal Super-Resolution，TSR）和空间超分辨率模型（Spatial Super-Resolution，SSR）分别以 40 像素 ×24 像素和 3 帧 / 秒的速度生成 16 帧视频、以 1 280 像素 ×768 像素和 24 帧 / 秒的速度采样，最终得到 5.3 秒的高质量视频，如下图所示。

而 Phenaki 则拥有交互生成长视频的能力，可以任意切换视频的整体风格和场景，还能根据 200 个词左右的提示文本生成 2 分钟以上的长视频，如下页图所示。也就是说，在给定一系列提示文本的情况下，Phenaki 就能合成逼真的视频，来讲述一个完整的故事。Phenaki 的缺点是视频质量较低。

谷歌官网提到，这是首次以时间变量提示生成视频。此外，研究所提出的视频编码器 – 解码器在多个方面都优于文献中目前使用的所有每帧基线。

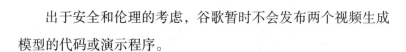

2 minute video

This 2-minute story was generated using a long sequence of prompts, on an older version of the model

Prompts used:

Lots of traffic in futuristic city. An alien spaceship arrives to the futuristic city. The camera gets inside the alien spaceship. The camera moves forward until showing an astronaut in the blue room. The astronaut is typing in the keyboard. The camera moves away from the astronaut. The astronaut leaves the keyboard and walks to the left. The astronaut leaves the keyboard and walks away. The camera moves beyond the astronaut and looks at the screen. The screen behind the astronaut displays fish swimming in the sea. Crash zoom into the blue fish. We follow the blue fish as it swims in the dark ocean. The camera points up to the sky through the water. The ocean and the coastline of a futuristic city. Crash zoom towards a futuristic skyscraper. The camera zooms into one of the many windows. We are in an office room with empty desks. A lion runs on top of the office desks. The camera zooms into the lion's face, inside the office. Zoom out to the lion wearing a dark suit in an office room. The lion wearing looks at the camera and smiles. The camera zooms out slowly to the skyscraper exterior. Timelapse of sunset in the modern city

出于安全和伦理的考虑，谷歌暂时不会发布两个视频生成模型的代码或演示程序。

若要体验使用 AI 生成视频的效果，可以试试清华大学和智源研究院开发的 CogVideo，网址为 https://huggingface.co/spaces/THUDM/CogVideo。目前该网站暂时只接受中文文本的输入，且输出视频需要等待较长时间。

06

AI 应用工具大集合

随着科技的不断进步，AI 的应用范围越来越广。这里介绍一个网站 https://allthingsai.com/，网页效果如下图所示。它搜集整理了很多 AI 应用的工具和服务，我们可以在这个网站中探索 AI 技术在各个领域的应用。

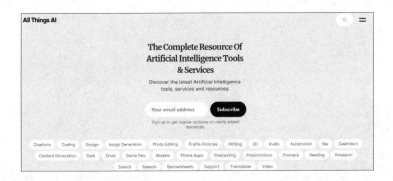

例如，选择该网站中的 Design 标签，则网页中会展示所有与设计相关的 AI 工具或服务，如下页图所示。这些工具和服务可以帮助设计师快速生成高质量的设计作品，如平面设计

和三维多媒体等；可以帮助设计师更好地分析用户的需求和行为，更好地根据用户需求定制设计；可以帮助设计师在大规模设计中更有效率地解决问题，如灵活更新算法、提高搜索速度、提供更准确的结果等。

［第 **8** 章］

AIGC 背后的
伦理、道德与法律隐忧

任何事物都有两面性，AIGC 也不例外。随着 AIGC 涉足的应用领域越来越广，人们注意到 AIGC 的滥用有可能在伦理、道德和法律方面引发诸多问题，如学术不端、侵犯知识产权、泄露个人隐私等。本章就来对其中一些问题进行初步探讨。

01

AI 生成的内容算抄袭吗

以 ChatGPT 为例，它给出的回答是由 AI 模型根据原始训练数据和用户的提示生成的，既不是人工编写的，也不是对原始训练数据的机械式复制，而是原始训练数据的某种组合。ChatGPT 本身并不会有意识地去抄袭或借鉴他人的作品。

但是，ChatGPT 的组合结果会有一定的概率与原始训练数据的某一部分非常相似。如果这部分数据恰好来自有版权的作品，ChatGPT 并不会给出提示，那么用户在自己的作品中直接使用 ChatGPT 给出的回答，就有可能因内容过度相似而面临抄袭他人作品的风险。

实际上，工作原理与 ChatGPT 类似的所有预训练模型生成的内容都有可能出现上述的"抄袭"问题。

02

使用 AIGC 时
如何尽量避免侵权

前面提到了 AI 生成的内容可能存在"过度相似"的问题，下面介绍几个可以有效避免侵权的小技巧。

提出独特的问题：向 AI 询问没有在公共领域中提到过的问题，可以在一定程度上降低 AI "抄袭"他人作品的概率。

避免直接引用：除非获得了明确的许可，不要直接引用 AI 生成的文本或图像。

提出概括性问题：概括性问题主要是指那些可以泛泛而谈的问题，通常涉及抽象的概念、现象或原则，如"什么是真理"或"什么是幸福"等。这类问题可以从多个不同的角度来回答，所以没有明确的、唯一的答案。

03

利用 AI 生成论文算不算
学术不端

学术界强调原创性、诚信和独立思考，使用 AI 生成论文是不符合学术道德的行为。正确的做法是使用 AIGC 作为研究的素材或辅助工具，并对其进行合理的参考、评估和改进。

《自然》已发表文章，明确了在学术论文中使用 AI 写作工具的两项原则：第一，任何大型语言模型工具（如 ChatGPT）都不能成为论文作者；第二，如果在论文创作中用过相关工具，作者应在"方法"或"致谢"等适当的部分明确说明。《科学》不接受使用 ChatGPT 生成的投稿论文，同时不允许 ChatGPT 作为论文合著者。《细胞》和《柳叶刀》则表示论文作者不能使用 AI 工具取代自己完成关键性任务，并且必须在论文中详细解释自己是如何使用这些工具的。

04

AIGC 的知识产权归谁

这个问题是很多想将 AIGC 应用于实际工作的文字工作者非常关心的，下面来看看 ChatGPT 是怎么回答的。

Q: ChatGPT 生成的回答知识产权归谁呢？

A: 作为一个 AI 模型，ChatGPT 不具有产生知识产权的能力，因为它是由 OpenAI 开发和维护的。根据 OpenAI 的版权声明，其对 ChatGPT 的代码和数据拥有所有权和知识产权，并且受到适用的知识产权法律的保护。因此，所有 ChatGPT 生成的回答都为 OpenAI 所有。

Q: 如果我利用 ChatGPT 写了一本书，稿酬也应该支付给 OpenAI 吗？

A: OpenAI 拥有 ChatGPT 的技术产权，但是您使用

ChatGPT 生成的内容在出版、发布等方面的版权属于您自己。然而，在使用 ChatGPT 的过程中，您需要遵守 OpenAI 提供的相关使用条款和服务条件，确保您的使用行为合法合情合理。如果您有任何疑问，建议您参考 OpenAI 官方网站或咨询相关法律专家。

Q： 那么稿酬是不是应该归我？

A： 如果您利用 ChatGPT 创作了一本书的稿件，该稿件的知识产权归您所有。然而，请注意，在使用 ChatGPT 的过程中，您可能需要遵守 OpenAI 的使用条款和条件。这些条款和条件可以从 OpenAI 的官方网站获得，并需要在使用 ChatGPT 时遵守。

再来看看 OpenAI 公司官方网站的声明：

Terms of Use

3. Content

(a) Your Content. You may provide input to the Services ("Input"), and receive output generated and returned by the Services based on the Input ("Output"). Input and Output are collectively "Content." As between the parties and to the extent permitted by applicable law, you own all Input, and subject to your compliance with these Terms, OpenAI hereby assigns to you all its right, title and interest in and to Output. OpenAI may use Content as necessary to provide and maintain the Services, comply with applicable law, and enforce our policies. You are responsible for Content, including for ensuring that it does not violate any applicable law or these Terms.

中文含义为：

使用条款

3. 内容

(a) 您的内容。您可以向服务提供输入（以下称为"输入"），并接收服务根据输入产生和返回的输出（以下称为"输出"）。输入和输出统称为"内容"。在双方之间以及在适用法律允许的范围内，您拥有所有输入，并且在您遵守本条款的前提下，OpenAI 特此向您转让其对输出的所有权利、所有权和利益。OpenAI 可在必要时使用内容来提供和维护服务、遵守适用法律和执行我们的政策。您对内容负责，包括确保其不违反任何适用法律或本条款。

简单来说就是，OpenAI 公司认为如果用户遵守了使用条款，那么 ChatGPT 所生成内容的相关知识产权就属于用户。

其他公司的 AI 工具用户条款中对知识产权归属的界定可能会与 OpenAI 公司有所不同，这就要求我们在使用 AI 工具前要认真阅读用户条款，以避免陷入知识产权纠纷。

05

AI 生成了错误的信息
需要承担责任吗

作为一个计算机程序，AI 没有自主意识，因而没有承担责任的能力。以 ChatGPT 为例，它的设计目的是尽可能准确地回答用户的询问，但不能保证回答是 100% 准确和可靠的。

图书和论文的作者通常应对其作品的观点和内容负责，但 AI 工具显然无法承担内容谬误或造假的责任。这也是目前大多数学术期刊和出版商不同意把 AI 工具列为署名作者的原因之一。

因此，在作品中使用 AIGC 之前，应对其进行充分的评估和核实。

06

使用 AI 工具时
如何保护信息安全

以 ChatGPT 为代表的生成式 AI 工具通常都需要输入大量数据进行预训练，而这些数据中有可能存在未获授权的个人信息或保密信息。例如，OpenAI 公司在训练 ChatGPT 时就从互联网上抓取了大量书籍、文章、网站和帖子，其中就可能包含个人用户在评价商品或回复帖子时无意中透露的个人信息。

此外，虽然大多数提供 AI 工具的公司都声称不会专门收集或存储用户的个人信息，但在使用 AI 工具的过程中，用户的对话内容会被纳入训练数据，这样才能让 AI 工具越来越"善解人意"。因此，用户的对话内容也存在被泄露和滥用的风险。

综上所述，在使用 AI 工具时要注意保护信息安全，不要向 AI 工具透露个人隐私、具有商业价值的专业内容或其他涉密内容。